自然環境復元の展望

杉山恵一 著

信山社サイテック

はじめに

身近な自然が急速に失われつつあった一九六〇年代後半、それに危機感を抱いた各地のナチュラリスト・グループや市民団体が期せずしてスタートさせたのが、今日ビオトープづくりの名で一般化した自然復元運動のはじまりである。そのような運動にかかわりをもつ各方面の専門家、市民運動のリーダーなど一一人が集まり、このような運動の理念や理論そして方法を研究する団体「自然環境復元研究会」を組織したのは、時あたかも平成元年（一九八九）のことであった。そして翌平成二年（一九九〇）には、静岡県掛川市でのシンポジウムをきっかけとして全国組織としてスタートすることになる。

私は、この組織のまとめ役の一人として活動していたのであるが、この運動が何を目指すものであるかを示す必要性を痛感し、大急ぎで「自然環境復元入門」と名付けた一書を信山社サイテックより平成四年（一九九二）に発行したのである。当時は、ホタルの里・トンボの池づくり、近自然河川工法などにわずかな実施例があるのみであったが、それらの初期的な取り組みは新聞紙上に大きく取り上げられることが多かった。それらの記事を大幅に取り入れ、発足したての自然復元研究会のメンバーによる論文や報文を、ほとんど底まで浚うようにして書き上げたのが前記入門書の初版本である。現在読み直すとその内容の乏しさは汗顔ものであるが、それ以上に、その後の自然環境復元の大きな進展の結果、事例に関しても陳腐さが感じられたのである。

その後、平成一二年（二〇〇〇）に出された改訂版によってその欠点は補われたが、全体としての古めかしさは払拭することができなかった。たかだか一〇年ほどの間にこのようなことが起きるのは専門書としてはやや異例なことで、自然復元運動がこの間にいかに急速に進展したかを示すものである。

そこで、新たに自然復元運動の約一五年間の経緯を総括すべく執筆したのが本書である。しかしこの間、「自然環境復元入門」以後、巻末の参考図書一覧に示すように、様々な分野での理論・手法に関する多くの書物が出版されてきたことから、本書では具体的手法に関する記述はできるだけ省き、自然環境復元運動がそれ以前の公害闘争や自然保護運動の流れを汲んで発生し、いかに様々なバリエーションを生みつつ今日至ったかを簡略かつ読み物風に記述し、最後にいささか将来の展望に関しても記すこととした。

閣議決定された「生物多様性国家戦略」において、自然環境復元（自然再生）の意向が大幅に示されていることからも、この運動がますます拡大してゆくだろうことが予想される。そこで、新たに多くの人材がこの方面に進出することが期待されるわけであるが、そのような人々によって、これまでの経緯を正しく把握していただくのが本書の主たる目的である。

最後に、平成元年以来、同志としてこの運動を進めてきた「自然環境復元研究会(現在NPO法人自然環境復元協会)」の皆様に厚く感謝するとともに、今後の活躍を期待申し上げたい。また、研究会結成以来、自然環境復元関係書物の出版に関して尽力された信山社サイテックの四戸孝治氏に対し、この機会に厚く御礼申し上げる。

平成一四年(二〇〇二)一〇月

NPO法人自然環境復元協会理事長

杉山　恵一

目　次

目　次

自然復元運動の経緯――序に代えて
―公害闘争からビオトープづくりまで―

二一世紀初頭の現在、わが国でひとつの物語が形成されつつある。それは自然復元という物語である。

一万年に及ぶ人類文明の歴史は自然との闘いにはじまり、ごく最近おおむねそれを克服したかに思えたのであるが、それは同時に自然環境の地球的規模での破壊という、かつてない事態を招くことになった。無限と考えられてきた自然の限界が意外に早く露呈されたのである。これは人類の歴史上かつてなかった事態であり、人類は自然に対する態度を根本的に改める必要に迫られたのである。

「地球環境の危機」として知られるこの事態の内容は、大きく三つの要素として把えることができる。それらは資源の枯渇、汚染の増大、生物多様性の減少である。もちろんそれらは相互に独立してあるものではなく、複雑な絡み合いのもとに存在するのである。

これらの三要素の中で、生物学者としての私がもっとも大きな関心を寄せてきたのは、第三の生物多様性つまり生物種の減少であった。

静岡県の小都市に昭和一三年（一九三八）に生を受けた私は、幼少期を戦後の貧しい時代に過ごしたが、それはわが国の自然がまだ本来の姿を保つ最後の時期でもあった。遊び道具さえ不足した当時、子供たちの遊びは身近な自然の裡に展開されたのであるが、それはあらゆる時代の子供たちに許され、心身の発達に不可欠な原体験を含むものであった。そして、このような状況は、全国に共通するものであり、現在熟年期を迎えつつある世代の人々に幼少期の体験として共有されるものであった。

私がそのような時代をすごした自然とは、もちろん原生自然などではなく、ほぼ完全に人間の手によって改変された二次自然、つまり伝統的農村環境に過ぎなかったのであるが、子供たちにとっては充分に自然と感ぜられたものであり、大部分の日本人にとって自然とはそのようなものであったのである。それもある偏りをもった自然ではあったが、そこに存在する生物の種はきわめて豊富であり、人間の営みを包含する生態系は自然生態系の条件を充たすものであった。

このような身近な自然にいかに豊富な生物相が存在したかは、今で語り草となっているのであるが、その凋落は意外に早く、かつ急速に訪れたのである。

終戦前後、荒廃した生活の中ですべての家庭ではノミ、シラミ、ダニの跳梁に悩まされたものである。ノミなどは古来人間生活につきものであったのであるが、シラミやダニは当時の満員列車による食糧の買出しなどによって、にわかに蔓延したのである。

ところが、それらのすべてが終戦後アメリカ軍によって導入された画期的な殺虫剤であるＤＤＴによって、数年のうちに劇的に消滅させられたことに人々は驚嘆した。当時の汲み取り式便所から無数に発生していたイエバエすらも全く姿を消したのである。

このＤＤＴが農地に用いられるようになるのに時間はかからなかった。農地ではＤＤＴを撒布する白い霧がたちこめるという場面が普通に見られるようになった。それは農業害虫の絶滅による米の大増産をもたらし、時の鳩山内閣の窮地を救う、という状況をつくりだすことにもなったのである。

それは輝かしい科学の勝利であり、わが国の復興のはじまりを告げる兆候のひとつでもあり得たわけである。しかし一方では、身近な自然の凋落の第一歩を印すものでもあった。農地のみならず、身近な自然のすべてからあらゆる昆虫類が姿を消していった。

このような状況は、ＤＤＴの発明国であるアメリカでさらに大規模に生じつつあった。そして、一九六二年には農薬使用に対する告発の書であるレイチュル・カーソン女史の「沈黙の春」（青樹簗一訳、新潮社、一九八六）が出版され、それを契機に農薬に関する規制が開始された。

しかし、わが国で農薬の規制がはじめられるのははるか後のことである。一九六〇年代を通じて、戦後復興から高度成長に向けて驀進しつつあったわが国では、少しでも生産を阻害するような規制は全く実施されることはなかった。この傾向に歯止めがかかったきっかけは、一九六〇年代になって噴出した、いわゆる公害の多発によってである。

　水俣病、イタイイタイ病、あるいは四日市喘息を筆頭とする深刻な事態が日本全土を覆い、わが国が公害列島として世界に知られるようになったことから、行政も重い腰をあげざるを得なかったのである。

　私が静岡大学に赴任した一九七〇年は、わが国における環境問題がもっとも毒々しい色彩をもって出揃った年であった。静岡県下においても、富士市の製紙工場からの製紙カスが田子の浦港に堆積して腐敗し、いわゆるヘドロ公害がピークを迎えつつあった。しかし、公害と並ぶ大きな問題として自然破壊の急激な拡大があった。それに対抗するものとして、当時自然保護運動も急速な盛り上がりを見せていた。とりわけ一九七〇年―一九七三年までの三年間は公害闘争と自然保護運動のピークの期間であった。それは一方では、わが国における真の意味での市民運動の誕生と定着の時期であったといえるであろう。さらに、この時期環境庁が設立されたことからも、環境行政のスタートの時期であったということもできる。これに引き続き、環境行政の実行組織として各県に自然保護課、環境保全課のような部局が設立されたが、そのことによってそれまでは一揆的色彩を帯びていたこれらの運動も、次第に穏健なものとなっていく。この時代に明確なピリオドを打ったのは、一九七三年のオイルショックである。それまで快進撃を続けていたわが国の産業発展がにわかに勢いを失い、再び貧困な国に戻るかという危惧が社会を覆い、それと同時に、自然保護運動に対する一般の関心が失われていった。

オイルショックによってすっかり世論の支持を失った時期に雲散霧消した自然保護に関わる運動体は数多くあったが、辛うじて生き残った団体は地道な活動を余儀なくさせられた。しかし、それらのメンバーによって当初は単なる看板に過ぎないと目された環境庁をはじめとする行政組織は、この頃から、当時は意外とも感じられたほどに実質的な活動を開始していた。はじめは疑いの目で接していた自然保護の活動家も次第に協力的な姿勢に変じ、行政の援助を受けての調査活動も行うようになった。一方、このようにお上が自然保護にお墨付きを与えたことにより、一般市民の側にも、それまで反社会的行為に類したものと受止められてきた自然保護運動に対する態度に変化が生じてきたのである。この変化はその後急速に拡大し、自然保護と言えば泣く子も黙るといわれた時代を経て、今や自然保護運動は国民の常識といわれるようになっている。これはしかし、その背景として「地球環境の危機」の拡大・深刻化が存在することから、一概に喜ぶべきことではないかもしれない。一九九〇年代に入ると、環境保全・自然保護に関する市民団体の急増がみられた。それとともにその内容もきわめて多様化し、一方地域化しているのも現在の特徴である。

このような経緯の中で、私は一九七〇年代に開始した自然保護運動が一応達成されたという実感をもったのである。つまり、貴重な原生自然に対して、一九七〇年代以前のような荒々しい開発行為が再開されることはありえないという確信をもつことができた。その頃になって私はそれまで目をむけることのなかった身近な環境に対して意を用いる余裕をもつことができたのである。それは、基本的には古くから人間の手によって改変され維持されてきた農村的自然であった。原生自然を第一級の自然であるとすれば、いわば二級の自然であり、そこに見られる生物種はその大部分がいわゆる普通種であった。そのため、それまでこのような環境の保全の必要性を感じてこなかったのである。

しかし、一九九〇年代に私がこのような環境に眼を向けた時、事態は大きく変化していた。先に述べたDDTの使用に続いて、三〇年間にも及ぶ期間おびただしい種類の化学製品、殺虫剤、除草剤、化学肥料の類いが過剰ともいえるほど使用されつづけた結果、身近な自然におけるあらゆる生物が激減していた。その頃になって私は、普通種というものが絶対的なレッテルではなく、それらも激減すれば立派な貴重種となるというあたりまえの事実にやっと眼が開かれたのである。一九九〇年代の身近な自然は、滑稽な言い方であるが貴重種の宝庫と化していたのである。

身近な自然の変貌をもたらせたものは、化学物質だけではなかった。農村の構造、抽象的な意味ではなく、物理的構造のすべてが、多くは農村の近代化のもとに徹底的に変化してきたのである。

まず、農村の耕地の主体である水田が耕地整理により大面積化、方形化そして畦のコンクリート化により昔日の面影を失った。これは、農村の労働人口の減少による省力化のためやむを得ない改変であった。また、水田に水を供給・排出するための水路の直線化、コンクリート化も急速に進行した。河川のコンクリート化は、治水上の必要性からも大河川を含むあらゆる河川で遂行された。

一方、多くの農村周辺の植林地は輸入木材による林業の低迷により、管理不在のまま放置されることになった。つまり、枝打ち、間伐の停止である。このため林木の過密化による下草の消失とその条件下で生ずる雨水による土壌の流失、さらにはそれが河川の汚濁を招くという悪循環を生ずることになった。また、植林地以外の山林は、かつては薪炭林として定期的な伐採が行われていたが、これもいわゆる燃料革命により、農村ですら燃料として薪や炭が用いられなくなったことにより放置され、密林化の状況におかれることになった。

人間の生活の場である村落においては、かつてはすべてが自然材を用い、手づくり的につくり出されていたが、住居をはじめとするすべての構造物が工業製品よって代替されるという形で近代化が進行した。

これらのすべては、景観としての農村を著しく変貌させるものであったが、生物相の変化はさらに著しいものがある。それはひとえに単純化、貧困化の方向であるといってよい。水田、水路の構造の単純化はハビタットの減少・消滅を招き、多くの生物がすみかを失ったのである。下草の消失は、放置された薪炭林においても植林地と同様に進行した。暖地においては、雑木の密生する期間を経て常緑のシイの純林に遷移しつつあり、それに加えて、減反されたミカン畑の竹林化が猛烈な勢いで進行しつつある。

東京以北の地、つまり本来の樹林が夏緑林である地域ではネザサ類の繁茂により、結果的には同様の下草類の消失が進行しつつある。このような植生の単純化が動物層の貧困化を招くものであることは言うまでもない。

村落におけるあらゆる生活材の工業製品化も生物相の貧困化に大きなかかわりをもつものであった。かつての日、カヤブキ屋根の家々からなる村落が、どのような原生環境にも増して昆虫類の一大楽園であったのは、このような家屋を中心とするすべての構造物が自然材による手づくり的なものであったことから、大小無数のハビタットを形成していたからである。人間生活にとってはとりわけ意味をもたない、いわば必要悪として存在したこれらのハビタット空間は、近年の工業製品化によってことごとく失われたのである。

一九八〇年代までに進行した身近な自然の変化は概ねこのような内容のものであったが、わが国の平野部の大半を占める地域で急激に進行しつつあったことから、多少なりとも自然に関心を持つ人々に大きな危機感を抱かせることになった。とりわけ、一九六〇年代頃までに生まれた人々の大部分は、その幼少期をまだ原状を保っていた身近な自然の裡に送った経験を持つ人々であったが、そのような人々にとってその体験はこの上なく楽しい経験であった。と同時に、そのことによって人間として、あるいは生物個体として基本的に重要な何事かを会得したという感じを抱かせるものであった。そのような人々が年を経て、自分の孫や子供を持つ年齢に達していたわけであるが、現在の子供たちの生活を見るにつけ、物質的には何一つ不自由でない反面、自分達の幼少期に比べあまりに自然体験に乏しいことにある危惧の念、つまり、このような子供たちが果たして健全な成長を遂げることができるだろうか、という想いが抱かれてきた。自然環境復元運動に取り組む人々には、このような気持ちから失われた自然を再現して、子供たちに自然体験の場として与えたいとの思いで参加した人々が多いのである。

特にそのような積極性をもたない一般の人々に関しても、失われた自然に対する憧れは、いわゆる高度経済成長を達成した頃から次第に強まってきた。民族の血がそうされるのだといったら言い過ぎであろうか。なにしろ、少なくとも弥生時代からの二千年あまりを、われわれ日本人は稲作を中心とした同じ環境の中で過ごしてきたのである。たとえば、復元された弥生時代の遺跡に行ってみると、田んぼが円型であったり、家に軒がなかったりという多少の相違はあるにしても、基本的にはごく最近まで続いてきた農村環境と異なるものではないことを実感する。おそらくは、そこにみられた生物相についても同様であろう。われわれ日本人にとっての自然とは、このような農村環境に他ならないのである。

わが国の文化は、その洗練さにおいて世界に冠たるものと言われているが、その根元を探ると、そのルーツがことごとく農村の生活中にあることを発見する。また、それらが受け継がれた都市の環境も、わが国にあっては諸外国と異なり、農村と峻別されるものではなかった。たとえば、洗練の極といわれる俳句の歳時記をひもとき、動・植物の項を見るならば、そのことごとくが農村生態系を構成する種と共通するものであることを知るのである。過去形を用いた理由は言うまでもないことである。

このようなことから、伝統的農村環境を構成する諸要素がわが国の文化のバックボーンとしても重要であることが知られる。つまり、身近な自然は生物学的にだけではなく、文化的にもその保全・復元が必要とされるのである。

おそらく、以上のような要因を漠然と含んだ意識のもとに、今日では明確に自然環境復元運動と意識される運動が開始されたのは一九九〇年前後のことであった。その後、この運動が急速に拡大したもうひとつの要因として、これまで述べてきた個人的、生物学的、あるいは文化的な要素をひっくるめて国内的要因とするならば、それとは次元の異なる、いわゆる「地球環境の危機」といわれる事態がある。当時マスコミによる報道が人々に与えたショックは大きく、地球環境の危機に対して何事かをしなければならないという意識を駆り立てられたのである。

このような状況のもとに、一九八九年に私を含む約一〇人ほどの学者・専門家・市民運動家などによって設立されたのが自然環境復元研究会である。これらの人々がその専門分野に関してきわめてバラエティに富んでいたことは特徴的であり、一九七〇年代に活躍した自然保護団体の中核的メンバーが生物学系の学者やナチュラリストに決まっていたのとは大きな違いがあった。

自然環境復元研究会は、翌一九九〇年に本格的な全国シンポジウムを開催したのをきっかけに、全国的組織としての発展を見せ、その後の一〇年間に三一回の全国シンポジウムを行うという活動を続けた。二〇〇〇年にはＮＰＯ法人自然環境復元協会として再発足し、今日に至っている。この一〇年間は自然環境復元に向けての運動が未曾有の盛り上がりを見せた期間であった。研究会設立後の数年間に、同様の方向性を持つ他のふたつの団体、日本生態系協会と日本ビオトープ協会が設立されたが、これら3団体が密接な協力関係のもとに運動を進めたことも、わが国に自然復元の機運を盛り上げる上で大きな力となった。しかし、それらの団体によってわが国の自然復元運動が創始されたのではないということも忘れるべきではない。実は、先にも述べたように、一九八〇年代頃から自然の喪失、とりわけ人々との生活の場である平野部の自然の大幅な破壊に対する危惧の念は国民全体に拡がっており、有志による自然復元的な活動も全国的に開始されつつあった。ホタルの里の復活運動や水辺の復権運動などはその代表的なものである。これらの運動を総合し、組織化する役割を担ったのが今述べた各団体であったといってよい。つまりは、全国的に醸成されつつあった機運という枯草に火を放つ役割りを担ったのである。この機運はさらに遡って、一九七〇年代初頭にピークを迎えた自然保護運動や公害闘争を通じての環境問題に対する覚醒という基盤をもつものであることも忘れるべきではない。

自然環境復元研究会のその後の運動の経緯については別の機会に譲ることとして、自然環境復元の一般的動向についてごく概略的に述べることとする。

わが国の自然環境復元運動で、一九九〇年当時すでに明確な形をみせていたものに、河川・湖沼の自然形態の復元を目指す運動があった。「水辺の復権」と「近自然河川工法」をスローガンに掲げ、「水郷水都会議」に代表されるような全国的な規模での集会も行われていた。この運動が大きな勢力を獲得したのは、河川が都市内外に残された最後の自然であること、河川での遊びの楽しい記憶が多くの人々に共有されていたこと、対象として比較的明確で共通性の多い環境であることなど様々な理由があるであろう。この運動の最大の成果として、一九九八年における河川法の改正がある。河川行政の最高位の法律であるが、従来河川の行政責任として治水と利水のみに限定されていたのに対して、新河川法では「河川の自然性を重視する」こと、「地域住民の意向を反映した河川管理を行う」ことが盛り込まれた。その後の流れとして、現在このように自然化した河川の利用法、とりわけ自然離れの著しい子供たちに河川での自然体験を復活させる方法などに関して活発に議論され、全国的に様々な団体による試みがなされてきた。

一九八〇年代後半から各地で、現在シンボル生物と呼ばれる生物種の復活運動がはじめられた。これは多くの人々によって記憶された特色ある、あるいは美しい生物の復活を志す運動で、当時の新聞記事の示すところによれば、ホタル、オオムラサキ、モリアオガエル、メダカ、アツモリソウなどを挙げることができる。これらの中で全国的な拡がりを見せたものが、ホタルとりわけゲンジボタルの復活運動であった。これは何よりもホタルの光が一般市民にとっても忘れがたいものであったことが最大の理由であるが、古くから「全国ほたる愛好会」がホタルの人工飼育などに関して研究・啓発活動をしてきた事も記憶されてよい。

シンボル生物が単一の種の復活を対象するのに対して、シンボル生物群ともいえるものの復活を志すものがあり、その代表的なものがトンボ池の復元である。トンボ類はわが国に二〇〇種近くが記録されており、一ヶ所の池でも一〇数種、多い場所では六〇種を越す場合もある。このようなことから、トンボ池の条件はゲンジボタルの場合と異なり、できるだけ多くの種の生活要件を充たすものでなければならない。多くの場合、個々の種を意識しての設計は不可能であり、多様で複雑な自然環境そのものを目指す他はない。それは当然トンボ以外の生物にとっても有利な環境であることから、トンボ池の復活運動をひとつの契機として総合的な自然生態系の復活がめざされることになる。このことによって、生態学者やナチュラリストの多くがこの種の運動に参加することになった。

里山管理と呼ばれる運動も一九九〇年代を通じて発展を遂げてきた。里山という言葉はこの運動に際して作られた言葉ということであるが、もともとは村落の周辺の山腹や丘陵で、裏山などと呼ばれていた場所を指すものである。このような場所が最近の都市の膨張により市街地、とりわけ住宅地と近接する、あるいはそれに囲まれるという状況が生じた。このような傾斜地の多くは植林あるいは薪炭林であったものが、先に述べたような荒廃した状態に置かれていたのである。農民によって半ば見捨てられたこれらの地域が市民にとって最も身近な自然として存在することになったわけである。このことから、市民が荒廃した山林を自らの手で復元しようという運動がはじめられ、里山管理運動と呼ばれるようになった。運動の内容は、間伐や枝打ち等従来農家が行なってきた管理を市民の手で行い、快適な場所とすることであるが、下草の豊富化をはかったり、ベンチ、ロッジなどを造出するなど、旧来のそれとは異なる活動も加えられている。主として関西方面で盛んになったこの種の活動も年々発展をたどり、数多くの市民団体によって多彩な活動が展開され、河川の場合と同様、環境教育の場としての里山のあり方が活発に論議されつつある。

一九九〇年代当初、自然復元の事例の乏しい中で私が考えたことは、比較的狭い場所にできるだけ多くの生物の種が存在できる条件をつくり出すことであった。ジーンプールあるいは野生生物のシェルターといったもので、その後「狭義のビオトープ」と呼ばれるものである。私が一九九二年に静岡大学構内に造成したものは、一応全国初の試みとみなされたため、マスコミによって大々的に報道されたものであるが、今にして思えばあまりにも狭小で内容的にも偏ったものであった。しかし波及的効果は大きく、「多孔質」環境、つまりハビタットの重要性が広く認識されることになった。造園、建築の方面にも多くのヒントを与えることになり、各地の公園・緑地の設計に拡散した形ではあるが摂取されることになった。

ここでビオトープ「BIOTOP（独）」という述語について少々説明しておくことにする。一九九〇年、自然環境復元研究会が発足した頃には、この語はわが国ではほとんど知られていなかった。ただ生態学者がエコシステムと重なる概念を持つ述語として知っていただけである。一〇〇年ほど前に、ドイツのヘッケルによってつくり出されたと言われるこの語は、その後発展した生態学ではあまり用いられることはなかった。それが再び用いられるようになったのは、ドイツ・スイスにおいてわが国より一足早く自然環境の復元が開始された際、本来の生態系をめざして復元された自然をビオトープの名で呼ぶようになったからである。ビオトープの語の学術上の定義については諸説があり、定説がないことから岩波版の生物学辞典にもその項目が見られない状態であるが、自然界がそれぞれに特色ある生物群によって特徴づけられる小地域によってモザイク状に構成されているという認識のもとに、それら各小地域をビオトープと呼ぶと言う解釈が現実的であろう。したがって、ビオトープは必ずしも自然を復元した場所というわけではなく、それらは「復元ビオトープ」と呼ぶべきものである。しかし、復元活動に携わった側にとっては、復元した自然がその地本来のビオトープであれかしと願うのは当然のことで、それらが一般的にはビオトープと呼ばれるようになったのである。

わが国でビオトープの語が一般化するきっかけとなったのは、一九九二年の静岡市での自然環境復元研究会の第七回シンポジウムにおいて、東京大学の武内和彦氏によってドイツでのビオトープ事例が紹介されたことである。現在での省庁などの正式文書にも登場するこの語は、やはりある地域に「復元された自然」という内容をもつもののようである。

一九九〇年代の後半には、今述べたビオトープ的要素をもつ公園・緑地が盛んにつくられるようになった。しかし、自然的要素の入り具合は様々で、単に植栽に在来樹種を交えるに過ぎないものから、全面的な自然環境をめざすものまで見られる。規模においても次第に大きなものがつくられる傾向にあり、私が関係した最大のものでは一〇ヘクタールの面積を占めるものがあった。このようなものでは丘陵地、小川などを含むものがあり、そこでは里山管理、近自然河川工法などが採用されている。公園・緑地以外に最近しばしば見られるようになったものに、企業あるいは工場地内ビオトープがある。企業のイメージアップ、ISO14001などの評価に利する目的で造成されるものであるが、社員の労働奉仕によって立派なものが造成されることもある。

一九九〇年代の後半になると、ビオトープづくりの多様化が進展する。その中で学校ビオトープ、農村ビオトープ、屋上緑化、ビオガーデンなどは注目すべきものである。

学校ビオトープは、子供たちに自然体験の場を、という意向を最も端的な形で実現しようとするもので、校内に小規模なビオトープを造出することである。小中学校側でも二〇〇二年度より、児童・生徒に従来の課目にとらわれない、実体験を大幅に取り入れた総合学習を実施することになったため、そのフィールドとしてこのようなビオトープを評価する動きもあり、二〇〇二年現在、おそらく全国数千の小中学校でのビオトープ作りが実行ないしは計画されつつあるようである。

農村ビオトープとは仮称であるが、先に述べた里山管理にひきつづき、市民の農村に対する関心は深まりを見せてきた。一方、この間農村では過疎や老齢化による疲弊の状況が進行しつつあった。このような条件のもとに、帰農などを最も端的な形とする都市住民の農業への参加が次第に増加してきた。現在ではグリーンツーリズム、田畑のオーナー制などが主流であるが、棚田の復元、その無農薬的管理などによって水田の本来の生態系を復活させ、自然教育の場として活用しようという、ビオトープづくりの範疇に属するような動向も見られる。

屋上緑化については北ヨーロッパでは古くからの伝統があり、近年の自然との共存思想のもとに、いわゆる共生住宅の屋根の上に草を生じさせる工法がドイツ・スイスなどで多くみられるようになった。わが国でも柴棟のような伝統的な屋上緑化が地方によっては見られたが、最近の屋上緑化に直接結びつくものは、以前からデパートの屋上などにつくられてきた屋上庭園であり、その拡大化であるといってもよい。一九九〇年代を通じて公共的なビルの屋上などで試みられてきたが、二〇〇〇年、東京都が都内のすべてのビルの屋上の緑化を義務づけることを打ち出したことからにわかに活気づいてきた。ただし、これは東京のヒートアイランド化の緩和を主たる目的とする施策で、その緑の内容が自然植生となる保証は今のところないが、もしそのような方向で都内のビルの何割かの屋上がビオトープ化されたとしたら、その効果は計り知れないものがある。都区内のビルの屋上の総面積は品川区の面積に匹敵するとも言われている。

このように、都市内にビオトープ公園やこのような屋上緑化が次第に増加しつつあるのだが、次のステップとして、これら点としてのビオトープをネットワークすることによって、一〇年以上前から言葉だけが先行していたエコシティやエコポリスの実現を視野に入れた議論がなされつつある。点を結ぶ線的なビオトープをコリドー(回廊)と呼び、自然化された河川、道路沿いの街路樹などが想定されている。これらを通じて点的なビオトープ間に生物の移動を可能にしようとするものである。

以上が一九九〇年以降に展開した自然復元運動の各分野での動向である。自然環境復元運動がこのように急速に一般化したのは、一九六〇年代後半以降の環境問題に対する広汎な市民運動があり、その流れを担ったリーダーが多く存在したからであるが、先にも述べたように、社会全体がこのような動向を支持した背景として、この間のグローバルな環境の悪化、いわゆる地球環境の危機の認識が急速に深まったことを挙げなければならないだろう。マスコミによって日々報道されるこのような、いわば人類存続の危機に対して、何事かをせずばなるまいという気分が醸成されていたところへ、市民一人一人が具体的に参加できる事柄として、身近な自然の復元というテーマが提示されたのである。

そして、さらに感じられるもうひとつの背景として、われわれ日本人が明治以来夢中になって追求してきた西欧的物質文明に、これ以上追従することに虚しさと不安とを感じはじめたということがあるように思えてならない。それは地球環境の危機の認識のような具体的かつ理性的なものではなく、社会一般の風潮、あるいは個人個人の生き方に対する疑念、違和感、不調和といったものである。

歴史はじまって以来、極東の海に孤立した四つの島に閉じ込められてきてきたわれわれ日本人は、独自の文化を編み出さざるを得なかったのであるが、それは巨大なバイオトロン中の実験にも似て、限度ある自然といかに調和してその恩恵を引き出すかという工夫に充ちたものであった。われわれの本来の生活習慣がすべてわが国固有の条件によって生み出されたものである以上に、われわれの心性つまり内なる自然もそのようにして成立したものと考えてよい。心性、つまり感覚や感情は環境とりわけ自然環境との、いわば対話によって醸成されるものであり、そしてその対話が継続されることによってわれわれは心の安定を得ることができるのである。

明治以来の西欧文明の盲目的導入は、当然直接的にも心性に影響を及ぼすものであったが、それ以上に、心の対話の相手である自然の変化あるいは破壊による影響のほうが深刻ではなかったろうか。最近の、いわゆる高度成長期における自然破壊はとりわけ急速・大規模なものであった。歴史的にはごく最近に属する昭和初期の写真などを見ると、そこに示された生活・風俗として身近な自然は、現在のそれと全く異なる状況と言ってもよいほどである。その時代をある程度経験した私にとっても信じられないほど貧しい生活状況であるが、人々の表情は安らぎに充ち、とりわけ子供たちの生き生きした表情に感動を覚えるのである。

その時代の、現在里山と呼ばれるような場所の写真を見て気づくことは、樹木の意外な乏しさである。階段式に作られた耕地が多く、森林と呼べるものはごくわずかである。しかし、一見貧弱に見えるそのような場所にいかに多くの生物が見られたかを私は記憶している。それに対して、現在森林やシイの純林に覆われた里山が、その外見とはうらはらにいかに病み、生物相に乏しいかを知る私は、それと同様なことが過剰な物質に充たされた人間社会にも見られるように思えてならない。もちろん私と時代を共にしてきた世代全般に、多少なりともそのような感慨が共有されるのであるが、最近、自然復元以外の様々な分野でも復元の文字が眼に付くようになった。環境の分野に関連しては、都市のあり方に関して江戸時代のとりわけ江戸における状況の見直しが活発に行われ、建築分野でも古い家屋の保全や復元が盛んである。私の実家で築百年の土蔵を分不相応な経費をかけて修復したのも、そのような気運におされてのことである。広く文化・芸術の分野においても同様な傾向が見受けられるのである。

これらのすべてを通じて感じられることは、われわれ日本人がこれまで追求してやまなかった西欧文明に居心地の悪さを感じ、再び内なる自然との対話が成立する環境を模索しはじめたことであろう。それはさらに、地球環境の危機といわれる現象が西欧的自然観に由来するものであることに気づき、日本人の伝統的な生活様式のうちにその解決の鍵が存在するという、認識の深まりを背景とするものであるに違いない。

二〇〇二年の現在、わが国は未曾有といわれる経済的不況の裡にあり、政治・経済面の識者達は何とかこの不況を乗り切り、再び産業の覇者として世界の注目を浴びる国となる方向で議論を重ねているようであるが、私にはそれが返らぬ夢物語であるように思えてならない。つまり、経済の発展競争を続ける条件がすでにこの地球上で失われているのである。それでも虚しい競争はまだしばらくは続けられるであろうが、やがては従来と全く異なる文明へ向けての努力が開始されることになるであろう。現在わが国が陥っている経済的苦境は、現文明よりの脱却の端緒を示すものとして、むしろ僥倖と考えることができるであろう。

ホタルの里の復元

ホタルは現在、自然復元におけるシンボル生物と呼ばれるもののひとつであるが、わが国の自然復元の全体的シンボルであるといってもよい。夏の夜の闇を彩るホタルの光は、単なるもの珍しさを越えて人々の心を捉えてきた。それは華麗にして幽玄という日本の美をシンボライズするものであったからであろう。そして、ホタルは同時に、かつてはきわめて身近な生物であったのである。多くの年配の人々にとって、ホタルは心ゆくまで味わうことのできた過去の身近な自然に対する郷愁を誘うものであった。したがって、身近な自然の復元を志す人々にとって、まず想定されたのがホタルの復活であったことはきわめて当然な成り行きであった。

ホタルが人間社会から消滅していった理由としてまず考えられることは、殺虫剤の農地での過剰な使用である。ホタルは他のあらゆる水生生物と同様の運命をたどったのである。そのような場所を住みかとするヘイケボタルがまず消滅し、さらに様々な開発、あるいは治山工事などによりやや上流の小川にすむゲンジボタルも激減した。このような状況のもとに、ホタルの愛好家達が集まって一九六八年に結成したのが「全国ほたる研究会」である。その第二回大会での宣言文によれば、

「われわれは自然破壊からホタルを守り、併せてこの啓蒙により住みよい楽しい社会づくりに貢献することを誓う」

とある。この宣言文で注目すべきはその後半部分である。野生生物の存在が人間社会の幸福と結びつくという、いわゆる共存の思想は、生物学者によって主導された自然保護運動ではあまり表明されたことのないものであった。この宣言文に見られるように、自然と人間の共存がうたわれるようになったのが自然復元運動のひとつの特色である。共存には当然人間側による環境管理が含まれるのであるが、自然保護運動の理想はあくまで人間による管理を排したありのままの自然であり、このことに関してその両者のミゾは容易に埋まらないで今日に至っている。全くの原生環境に関しては、一切の人為を及ぼさないことが最良でもあり、可能でもあるのだが、平野部の自然

ホタルのすむ川

に関しては、全く別の条件が存在すると私には思える。付け加えておくが、自然保護運動の思想も決して究極的に人間存在を無視しているわけではなく、グローバルな観点から手付かずの自然を残すことが、人類の存在にとって不可欠であるということである。

ところで、全国ほたる研究会の初期の活動は、もっぱらホタルのみの保護保全に向けられていたようである。この時期にはホタル以外の生物についても同様なことが言え、一九六〇年代から一九七〇年代にかけての時期を私は『シンボル生物』の時代と名づけている。ホタル発生地の保護と平行してこの会が手がけたのはホタルの養殖と放流である。そして、自然復元が一般に支持され、行政もその方向に努力を開始すると、ホタルの養殖・放流が市町村によって大々的に行われるようになる。いわゆる村おこし、町おこしの手段とされるような場合もあった。このようなブームの中でいろいろな失敗も耳にしたものである。その中に、一匹五〇〇万円のホタルというものがある。これは行政が巨額の費用を投じてホタルの養殖場をつくったのであるが、ごくわずかしか羽化させることができず、一匹がそれだけについたというものである。このように行政がホタル飼育を行う例もあったが、そのほとんどがすべて失敗し、このブームは消滅する。

養殖によって得たホタルの成虫を時を定めて放ち市民の目を楽しませるという段階から、小川の環境を整え、そこに飼育した幼虫を放ち、やがて羽化を待ち、うまくいけば世代を重ねるようになる、というのが次の段階で試みられたことである。この場合、ホタルの餌となるカワニナ等の巻貝をまず定住させることが鍵となる。そしてこの試みも多くは失敗するのであるが、このような試行の中でホタルの生態、継続的発生の条件が多くの人々の知るところとなったのである。そして、それらの条件を充たす小川の復元に努力が注がれることになったのであるが、それは、とりもなおさず昔の小川の状態を取り戻すことであり、ホタルだけでなく昔見られたような水生生物のすべてにとって生育可能であるという、当たり前のことも認識されることになった。ホタルにひきつづき盛んになったトンボ類の復活運動ともあいまって、以後は近自然河川工法やビオトープづくりというわく組の中でホタルの復元がはかられることになった。

ホタルと一口に言ってきたが、実はホタルという一種類の昆虫がいるわけではない。鞘翅目昆虫であるホタル科に属する昆虫は四〇種あまりがわが国から記録されている。その中で、成虫が強い光を放つ昆虫として一般にホタルとして知られる昆虫はゲンジボタルとヘイケボタルという二種だが、実はもう一種、ヒメボタルという種がある。山地性で分布も限られ、幼虫も陸性である。その他に対馬や沖縄県にも光るホタルがいて、わが国でのホタル類は総計一〇種余ということになる。ただし、ホタル科の昆虫の多くは、幼虫時代には弱いながら連続的な光を放つので、以上は成虫に限った話である。

ゲンジ、ヘイケの二種類のホタルはわれわれにとって最も親しいホタルであるが、実はそれ以外のホタルの幼虫がすべて陸生であるのに対して、幼虫が水中で生育するという点で例外的な存在なのである。ゲンジボタルとヘイケボタルの区別は、ゲンジがやや大型で赤色をした胸(正確には前胸)の中央に十字に見える黒帯があるのに対して、ヘイケでは一文字の帯であることによって明瞭である。全身黒色で、胸の背面のみ鮮やかな赤色をした姿はきわめて印象的で、芭蕉の句にも、

昼見れば首筋赤き蛍かな

と、いう句がある。

ゲンジとヘイケは先に述べたように、幼虫が水中に住むということから、ホタル科昆虫の中で独特の地位を占めるものであるが、一方、この二種の生態にはそれほど大きな差異はない。まずゲンジについて大方の生態を述べ、相違する点をヘイケについて述べることにしよう。なお、これらの名前、ゲンジとヘイケが源氏と平家であることは明らかであるが、その由来についてホタル研究家として名高い神田左京の「ホタル」を繙いてみると、諸説を紹介した上で、ゲンジボタルの名が例の「光る源氏」に由来して発生し、源氏ならば平家という連想からヘイケボタルの名が生まれたのではなかろう

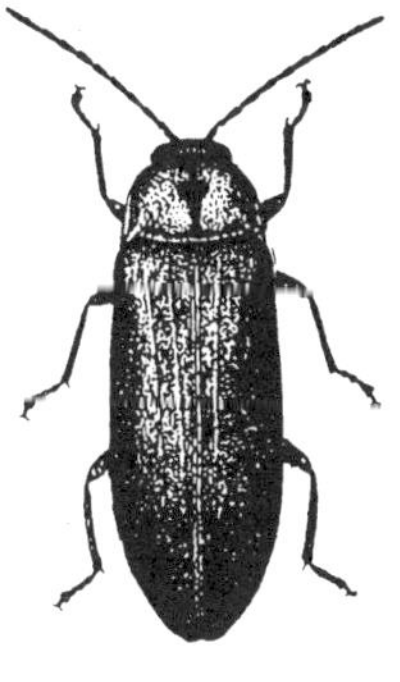
ゲンジボタル

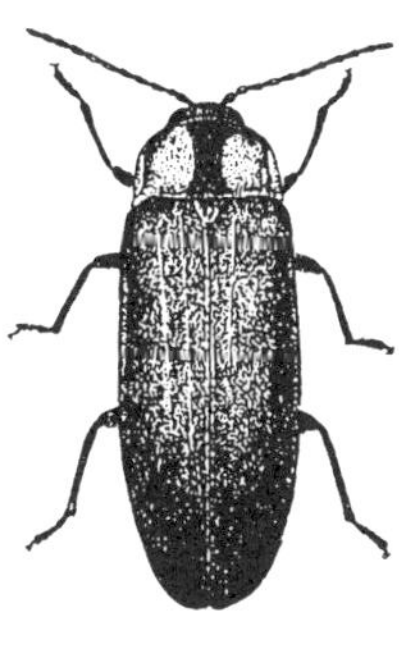
ヘイケボタル

かと述べている。いずれにしても、種名として両者が定着したのは、和名が定められた明治以降のことで、それまでは各地で様々な名前で呼ばれていたのである。

ホタルの仲間は雌が雄より大きなのが普通で、外国産のものではその差が極端なものもあるが、ゲンジボタルでは雌が体長二〇ミリメートルをやや越えるのに対して、雄では一〇ミリメートルをやや欠く程度である。甲虫一般の特徴として、腹部は鞘翅と呼ばれる硬い前翅で覆われている。膜状の後翅はこの前翅と腹部の間に畳み込まれているが、飛ぶ時にはそれが拡げられるわけである。

ホタルが腹部を光らせることは良く知られているが、腹部全体が光るのではなく、発光器と呼ばれる体節のみが光るのである。この発光器の位置は雌雄で異なり、雌では腹部第五節、雄では第五節および第六節にある。この面積の差から発光力において雄が雌に優れるものとしてよい。

ゲンジボタルの生活史は、雌が川岸の湿ったコケ、枯草などに産みつけた卵からはじまる。産卵数は四〇〇から五〇〇個ほどである。卵は球型で直径〇・五ミリメートルほどで固く、黄色味を帯びた色をしている。興味深いことは、ごく微弱ながら発光が見られることである。

卵は四週間前後で孵化することが多い。幼虫は黒っぽい色をした蛆虫であるが三対の足があり、歩行することができる。背面の何カ所かに発光器があり、ごく弱い光を放つことが知られている。

この幼虫は同じ川に住むカワニナという淡水産の巻貝を食べ、脱皮をくり返して成長する。頭部のヤットコ状の口器で貝に食いつき、やがては貝の中に半身をもぐりこませるようにして食い尽くすのである。

こうして、約一〇カ月を経て体長三〇ミリメートルを越えるまでに成長した幼虫は、四月になると陸に上がり、土の中で土繭と呼ばれる空洞状のものをつくり、その中で蛹になる。陸に上がる際集団をなし、しきりに発光するので華麗な光景が見られるということである。ゲンジボタルの蛹は、甲虫一般に見られるように、成虫を縮めた形態をしている。脱皮直後はあめ色をしているが、やがて薄い被膜を破って成虫となる。土繭を脱出した成虫は、草むらなどに潜んで性的成熟を待つことになる。成虫の寿命は約二週間とされるが、この間水以外の食物は摂らない。

ゲンジボタルの生態を最も特徴付ける夜間の発光は、雌雄間の求愛行為、つまりラブコールである。この配偶行動にはホタルの種によって様々のパターンが

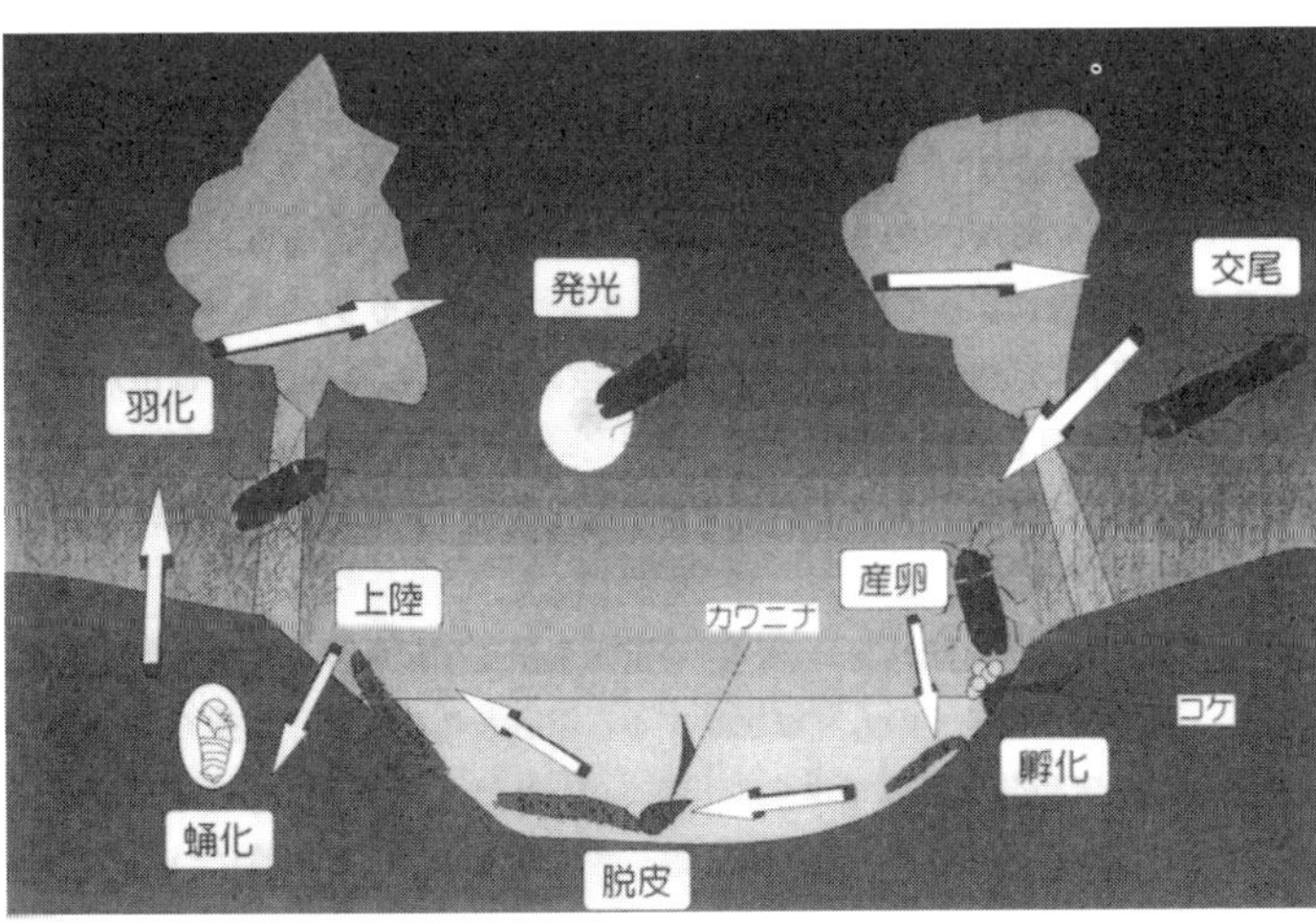

ホタルの一生（余湖典昭：都市の中に生きた水辺を、信山社、1996）

知られているが、ホタルの研究者として知られる大場信義氏は六つのパターンを区別している。

ゲンジボタルの場合、雄は群飛して一斉に明滅し、発光周期を同調させるが、雌は葉などに止まって個々に発光するので、雄によって発見されるのである。この集団明滅の間隔が西日本と東日本のゲンジボタルで差異があり、西日本では約二秒、東日本では約四秒であるが、その中間である静岡—長野—新潟を結ぶ狭い地域に約三秒のものがある。

ゲンジボタルのこのような生活史から、このホタルが生存可能な環境、つまり、ホタルの里づくりの条件が明確にされる。


このホタルの生息環境としての河川の条件であるが、水温、水質、流速、水深などがまず問題になる。それらは一口に清流という言葉でイメージされるものといってよい。水温に関しては低め、つまり摂氏二〇度を越えない程度が条件とされる。水質に関しては当然一切の人為が加わらない天然水が理想であるが、ある程度の汚染には充分、耐えるのでそれほど気にする必要はない。流速に関しては、毎秒一〇〜三〇センチメートル、水深に関しては五〜三〇センチメートルが一応の目安とされている。このような条件は、ゲンジボタルの幼虫であるカワニナの生息条件でもある。しかし、カワニナが生活するためにはこのような条件以外にも考慮すべき点がある。その第一として、カワニナの食糧である植物性プランクトンあるいは水草類が生育するために、ある程度の日照が必要とされることである。物理・化学的条件を充たした清流であっても、森林などによって暗く閉ざされる場合には、カリニナの生息が見られない。また、幼貝と成貝でも生息場所に微妙な差が見られるため、河道の形状には多様さが要求される。一方ホタルにとっても、蛹化するための場所、羽化後身をひそめるための場所、産卵する場所などに、それぞれの特殊な条件が必要とされる。かつてゲンジボタルを多産した自然河川では、それらの条件のすべてを備えていたわけであるが、新たにホタルの生活できる河川をつくりだそうとする場合、かなり意識的な設計を行わなければならない。後で述べる近自然工法は水生生物一般の生活環境を創出する工法であるが、基本的にはゲンジボタルの生活条件をも充たすものである。この工法を参考として、ゲンジボタルの生活する川のおおまかなプランをのべることにする。

河川の自然の形態として直線ではなく緩やかに蛇行する形態が考えられる。そしてこの形態をとることによって、巧まずして、瀬、淵、中州などを基本とする多様な、いわゆる微環境が形成される。本来の蛇行形態は、川が自らつくり出すものであるが、設計された蛇行でもある程度の多様性を生みだすことができる。川底の状態としては、礫の多い部分と砂泥の部分の両方が望ましいのであるが、それぞれは、瀬と淵などの部分で自然に形成されることになる。

次に川岸の状況であるが、少なくとも流れに沿った土の部分、できれば少々盛り上がった土堤状のものが望まれる。これはホタルの幼虫が入り込み土繭を営むために必要とされる。自然の河川に多く見られるエコトーン、つまり水辺から湿地をへて陸地に至り、それぞれに特有の植生を持つ構造があれば理想的であるが、多少の草地と成虫が身を潜めるための藪のようなものは最小限必要とされるであろう。藪は水温の上昇を防ぐ意味で重要であるが、あまり暗くなると水生プランクトンや藻類の生育を妨げるということにも配慮すべきである。産卵のためのコケはなかなか生育させにくいものであるが、太い丸太を半ば水没した状態で設置すればコケが生じやすいといわれている。

このような状況をつくり出せば、餌となるカワニナも自然に増殖するのであるが、この貝がすでに消滅した川では、いわゆるタネ貝を別の場所から移すことが行われる。ホタルそのものについても同様であるが、ここに二、三の問題が生ずることになる。

そのひとつは、いわゆる早トチリに類することであるが、カワニナとホタルの幼虫を同時に放流することである。他から採集したカワニナの大部分は成貝である。ホタルの幼虫は各発育段階での大きさに順じた貝を食べるわけであるから、放流する幼虫の大きさによっては食糧とならない場合もあるであろう。カワニナの放流後一年以上待ち、その繁殖を確かめた上でのホタルの幼虫を放つのがよいであろう。

もうひとつの問題は、最近生物学者、あるいは自然保護論者によって強く批判されていることで、いわゆる地方遺伝子群の撹乱である。

先にも述べたように、ゲンジボタルは、その光の明滅の同調間隔の差異によって東西あるいは中間地域を含めて三つのタイプに区別される。これは遺伝的な差異によると思われるのであるが、そうであるならば、当然他の形質に関する遺伝子の差異も考えられるわけで、一種内には少なくとも三つの地方変異群が存在することになる。

それらは、永い歴史をもって形成されたものであり、保全がなされなければならないのであるが、ホタルの里づくりの盛況による人為的移動によって分布の混乱が生ずることが危惧されているのである。大方の地方では、よほど遠方から持ち込まない限り問題はないであろうが、静岡県などでは東西の近距離に異なる分布の地域が存在するため充分配慮しなければならない。

ホタルの発生地を造成する場合、その作業が昼間であることから、意外に気づかれないのは夜間の人工光の問題である。ホタルが光るのは配偶者と出合うためであり、子孫を残すための重要な行為であるが、それが人工光の存在によって妨げられるのである。普段には充分暗く思える場所が、実際にはホタルにとっては明るすぎるのである。静岡県三島市でも街を貫いて流れる小川でゲンジボタルの繁殖が図られているのであるが、発生時期に行って見ると懐中電灯など全くいらない明るさであり、木立のある場所を選んで飛ぶホタルに気の毒な感じがしたものである。また、一方では小川の周辺に樹木があることの遮光効果を知ることができた。

以上がゲンジボタルに関する事柄であるが、もうひとつの種、ヘイケボタルについて少々述べることにしたい。

ヘイケは体長一一～一二ミリメートルくらいでゲンジより大分小さく、その分だけ光も弱く、ゲンジのように多数の雄が飛びつつ光の周期を同調させることもない。個体数もまばらで、ゲンジがあらゆる面で示す集団性が見られないこともこのホタルに人気が乏しいことの理由であろう。ヘイケボタルの卵は成虫の体に比べて大きく、したがって産卵数はせいぜい一〇〇個ほどと、ゲンジの四〇〇～五〇〇個と比べて少なく、また成虫も盛夏に至るまでの時期に少しずつ羽化するのがこのホタルの特徴である。しかし、ゲンジが清流性であり、したがっていわば山里の昆虫であるのに対し、ヘイケは野川や田んぼの昆虫であるため、町に住む人々にとってはより身近な存在であった。江戸時代の浮世絵などに描かれたホタルはヘイケであった可能性が高い。このようなことから、身近な自然のシンボルとしてはむしろヘイケボタルの方がふさわしいとも考えられるのである。

ヘイケボタルが住む水田地域は、人間によって管理された半人工的環境である。とりわけ田んぼそのものは、冬になると水を落とされ陸地化するのであるが、ヘイケの幼虫はこの変化にも耐え、地中に潜って冬を越すのである。食物の範囲も、ゲンジがカワニナとほぼ限定されるのに対して、タニシ、モノアラガイなど各種の淡水巻貝を含むものである。

このように適応性に富み、人間と共存してきたヘイケボタルが今日ではむしろゲンジより稀な昆虫になったのは、一義的には殺虫剤によるものであり、さらに食物である貝類の消滅、小川のコンクリート化による蛹化場所の消失、そして夜間の人工光の増加がそれに追い打ちをかけたためであろう。これらの環境条件を復旧することは不可能に近いことかもしれないが、ヘイケの復活こそゲンジにも優って身近な自然の復元であることを忘れてはならない。

トンボの池づくり

わが国がトンボの多産する国であったことは、記紀、万葉の昔、国の名をアキツシマ（蜻蛉島）と称したことでも明らかである。また別に豊葦原瑞穂之国（トヨアシハラミズホノクニ）、つまり葦原が豊かに拡がり、稲穂の実る国とも呼ばれていたから、トンボの生活環境としても申し分のない文字通りのトンボ王国であったわけである。

このような状況は、私が昆虫少年であった昭和二〇年代まで続いたであろう。今はトンボの影も稀となった近くの溜池で、その頃三〇種ほどのトンボを採集したことがある。その中にはトラフトンボやコフキトンボ、ハラビロトンボなど、今ではほとんど姿を消した種も普通に見られたのである。当時は夏休みが終わると秋の運動会の練習がはじめられたのであるが、運動会の上空にキトンボ類が無数に集まり、大げさにいうと陽射しも翳るほどだったことも記憶にある。歴史の経過とともに豊葦原は減少したが、それに代わる水田がトンボの発生環境と広々とわが国を覆っていたのである。

しかし、トンボ王国の滅亡は、その数年の後急激に訪れたのである。それは先に述べたように、DDTの農地への大量撒布によるものであり、それに追い打ちをかけたのが、ホタルの章でも触れた農村の近代化に伴う、あらゆる水辺の構造的改変とりわけコンクリート化であった。

わが国におけるこのような自然喪失の状況を背景に、一九九〇年前後に澎湃として起こった自然復元運動の中で、トンボの復活もその一翼を担うことになったわけであるが、その内容はホタルの里の復活運動とはやや異なるものであった。それはホタルに比べたトンボが極めて多くの種を含むことから焦点が定めにくかったこと、トンボ学会のような専門家組織が古くから存在したものの、全国ホタル研究会のような増殖・放流まで実行する団体ではなかったことによるものであろう。しかし、ゲンジ、ヘイケの二種、実際にはゲンジボタル一種に限定して生息条件づくりをするホタルの里づくりに対して、自然復元の目標を総合的な自然生態系へより近づけたのはトンボ類の復元運動であったといってよい。当初から、その運動の目指したの

埼玉県寄居町トンボ園

は種の多様性の復活におかれた。そのためには、特定の種の生活条件づくりではなく、できるだけ多様な条件を備えた環境づくりにおかれ、それはとりもなおさず自然環境そのものであり、またそのような環境であれば、トンボ以外のあらゆる種もその生活の場を見出し得る環境であった。

トンボの里復元の運動に、一九九〇年頃には取り組んでいたこの方面の先駆者ともいうべきは、私の知る限りでは三人の方々、埼玉県寄居市の新井裕氏、横浜市の森清和氏、高知県中村市の杉村光俊氏である。これらの人々を運動に駆り立てたものが、少年時代における身近な自然の豊かさ、そこで過ごした日々の輝かしい記憶であることで共通している。とりわけ杉村氏の決意は悲壮感漂うものがあり、そのことを氏自身の文章（月刊観光「トンボ王国の夢」、一九九一）で示すことにしよう。

桶ヶ谷沼（静岡県・磐田市）

『(前略)高校三年生になったばかりの春、それまでのトンボ人生の中で最も生き甲斐を感じさせてくれた一つの水辺が、公共事業のため為すすべもなく奪われてしまったのである。このときの情けない想いは今もって忘れることができない。何台ものブルドーザーやダンプカーが容赦なく山を崩し、池を潰して行く光景を小高い堤防の上から見据えながら、いつの日か絶対に奪われることのない「トンボの聖地」を築いてみせると誓ったのである』このような気迫に満ちた決意は、自然環境の復元に携わるすべての人々に共通するものであろう。そして、その成果が徐々に行政をも動かし、二〇〇二年の現在、多くの公共事業に見直しの機運が生じているのである。しかし、この間にも長良川河口堰の完成、諫早湾の埋めたてなど、巨大な自然破壊が行われ、熊本県では五つ木の里の水没を伴う川辺川のダム計画が進行しつつあることも忘れてはならないであろう。

さて、復活の対象であるトンボであるが、分類学でトンボ目《もく》という単位を構成する昆虫グループである。日本産は二〇〇種弱で、目としてはあまり大きなものではないが、全種類が昆虫としては大型で姿かたちが優美であることから、一般の人々にもよく知られているグループである。

トンボ類の一般的形態について云々するまでもないであろうが、生態に関して少々述べることにしよう。トンボ類のすべての種が肉食性で、その大きな眼で空中の昆虫を発見し、頑丈な大顎でこれを噛み砕く。大型のヤンマ類には小型のトンボを食べるものさえある。生殖は交尾をもって開始されるが、その形式は昆虫類の中でもやや変わったものである。それは雌雄で交尾器のある位置が異なることに起因するもので、雌の交尾器が腹部末端、つまりシッポの先にあるのに対して、雄のそれは腹部の基部にある。雄は交尾に先だって、シッポの先にある鋏のような器官で雌の細首をとらえる。このことによって二連結のトンボができるわけで、アキアカネなどはいったん相手を見つけると常にこの状態で飛び回るのであるが、これは交尾ではない。真の交尾は雌がシッポを曲げてその先の交尾器を雄の腹部基部に接触させることによって行われる。この時には雌雄の身体によって輪が構成されることになる。

産卵は交尾後の単独の雌によって行われることが多いが、先に述べた二連結の状態で行われることもある。アキアカネなどでは、産卵のため水面をシッポの先でたたくようにする雌を雄がホバリングして支える状況が見られる。卵はこのように水中に放たれることが普通であるが、水草の茎などに生みこまれる場合、さらには潜水してそれを行うなど、種によって様々な形式が知られている。

トンボの幼虫はすべて水生でヤゴと呼ばれることは良く知られている。ヤゴは普通泥色をして親とは大きく異なるが、その形態は羽根を除いては親を髣髴《ほうふつ》とさせるものがある。親と全く大きく異なるのはその口器の形態で、長い柄とその先の頑丈な把握器とからなっている。柄を二段に折りたたんで身体の下側に収めているが、獲物を発見すると素早くこれを繰り出して相当遠方から捕らえることができる。直腸部分に貯えた水を肛門噴出させ、ロケット式に前進する特技も水中生活に適応した能力であるといえる。

ヤゴは成熟すると抽水植物の茎などにつかまって水中を脱出し、そこに身体を固定してから羽化をはじめる。晴天の夜間に羽化することが多いようである。しかし昼間に観察されることもある。羽化の差異の劇的な情景はテレビなどでもよく扱われている。羽化したトンボはやがて朝日を受けて飛び立つのであるが、身体が固まるまでの数日間は付近の林や草むらの中で過ごすようである。

一般的にはこのような生態を示すトンボ類であるが、細かな生活上の要求は種によって異なり、一定の水系にはすべてのトンボが生活できるわけではない。トンボの里づくりは、できるだけ多くの種の生活の要件を集約するような環境づくりということになるのであるが、いくつかのグループに分けてその好むところの環境条件を述べることにしよう。

トンボ類をその生息環境の差異によって大きく二つのグループに分けることができる。流水つまり河川を好むものと、止水つまり池沼を好むものである。純粋に流水性のトンボとしては、カワトンボ類を代表的グループとして、ヤンマ類のある種、ムカシトンボなどが知られているが、これらの住む川は流量の大きなものが多く、その環境を復元するためには、トンボの里づくりの手法よりむしろ別の章で述べる河川の近自然工法に負うべきであろう。その他のトンボ類は池沼あるいはごく流れの緩やかな小川に生息するものである。

止水性のトンボ類でもその生活を限定する要因は様々存在するが、それらを備えた環境を景観によっておおまかに類型化すると、池沼タイプと湿地・水田タイプとすることができる。池沼タイプで、周囲を森で囲まれた暗い感じの池沼にはクロスジギンヤンマ、リスアカネ、ヤブヤンマなどが生息する。日当たりはよいが岸辺にアシ、マコモなどの抽水植物が生じ、あるいはヒシ、ハスなどの浮葉植物に水面を覆われた池沼にはギンヤンマ、チョウトンボ、

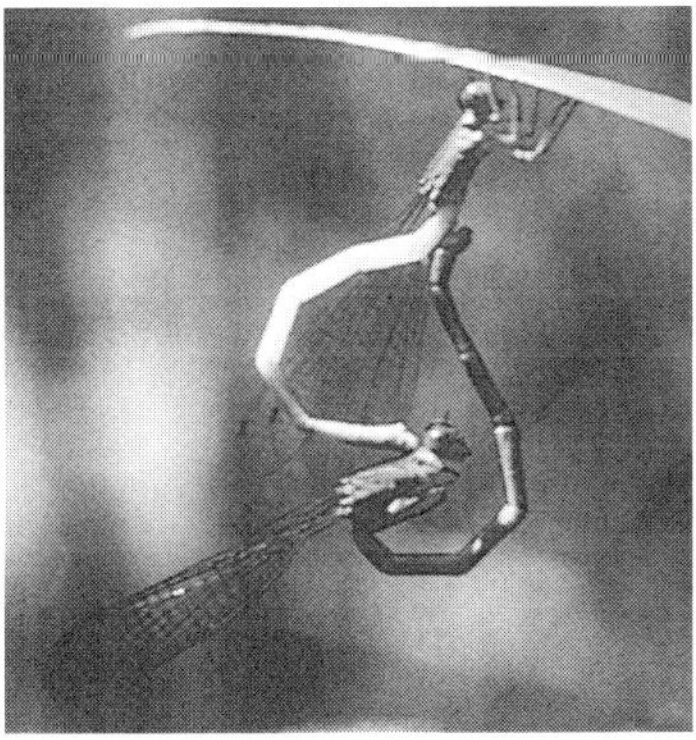

キイトトンボ

オニヤンマ

チョウトンボ（いずれも桶ヶ谷沼・静岡県磐田市）

イトトンボ類が見られる。水草が乏しく、解放水面が大部分の溜池、プール、堀などは、好んで住むというより、そのような条件でもすみうるといった感じで、シオカラトンボ、コシアキトンボなどが見られる。

湿地で、ほとんど開水面のないような場所を好む種類としてはハッチョウトンボがある。水田は本来もっと多くのトンボの生活場所であったと思われるが、現在ではアキアカネを代表とするアカトンボ類、キトンボ類が主なものである。

わが国のトンボの里づくりが種の多様化を目指すものであることは先にも述べたが、種類数を競い合うという傾向も見られる。人工的増殖あるいは移入によるものでない限り、種の多様性は自然環境の最良の状態を目指すものであり、悪くないことであると私は考えている。そのためには、今述べたような様々な条件を充たす場所が必要となる。そのためには相当の広さ、少なくとも一ヘクタール以上の面積が必要とされるであろう。理想的にはいわゆる谷津と呼ばれるような場所で、周囲の丘陵が雑木で覆われ、片側に小川など流水が存在するならば最大限の種を確保できるだろう。このような場所には一昔前まで隈なく水田が営まれており、棚田をなす場合も多かったのであるが、例の減反政策によって放棄されることが多くなった。そのような田では耕作放棄に伴う農薬の使用停止によって、自然に放置してもトンボ類の復活は進むのであるが、さらに多様性を増大させたいと考えるならば、小川の水を迂回させ小池などの止水部分を造成し、その周囲に湿地部分を沿わせ、あるいは羽化後まもない個体の保育環境としての草地を育成するなどのことを行えば良いのであろう。その他もろもろのいわゆる微環境を造成し管理することによって、わが国のトンボ類の約三分の一にあたる六〇種以上を確保することも不可能ではない。

しかし、現在見られるトンボ池はごく小規模なものが大部分である。せいぜい数百平方メートルの土地に短い水路と一、二の池がある程度のものである。このようなものでは、多くの種類は期待できない。だが、水深や水際線にできるだけ変化を持たせ多様な植生が繁茂すれば、二〇種内外のトンボを住まわせることができる。ただし、産卵にだけ訪れ、産卵しても発生するまでに至らない場合も多く見られる。

私が一〇数年前に静岡大学の構内に造成したものはそのような小規模のもののひとつであったが、比較的長期間観察できたので、いくつかの興味ある事実を知ることができた。

このビオトープには五〇〇平方メートルの土地に汲みあげた水を水源として、三つの池とそれを貫く細流を造成した。ごくわずかながら湿地部分もあり、それぞれの場所に水草を繁殖させた。

造成した直後最初の春を迎えたわけであるが、初夏の頃には多くのトンボの飛来が見られ、翌年にはこの水系から羽化するものも見られた。最初の数年間、特に著しかったのはクロスジギンヤンマという比較的珍しいトンボの大量発生である。初夏の頃から水辺のコガマの茎によじ登るヤゴの姿が昼間にも見られ、次々と羽化するのが観察された。最盛期には大きくもない池の周りを一巡して数十の脱皮殻を採集したこともある。おそらく数百のレベルで発生したものと思われる。この盛況はしかし、三年間程度で終息し、その頃までにトンボ類の種の数はピークに達した。しかし、その後トンボ類の発生は次第に下降線をたどり、水系を造成してから一三年後の二〇〇〇年に水を抜いて調査したところ、一匹のヤゴも見られないという末期的状況が見られた。

このような経緯は、実はこのビオトープに特異な事柄でなく、造成された小規模な水系で一般的に見られることが分かってきた。最初の数年間に見られるクロスジギンヤンマの大量発生もよく知られている。理由は定かでないが、植生で見られるパイオニア性がこのトンボにあることは明確である。クロスジギンヤンマの発生が終わった頃からマルタンヤンマの発生が見られるという情報もあり、また、チョウトンボという種類は相当古い池でないと発生しないともいわれている。こうしてみると、トンボ相に関して一種の遷移現象が存在すると考えられる。このようなこともあって、トンボ相のピークを維持することはなかなか困難なのである。この方面での先駆者のひとりである守山弘氏は、その対策として、同じ面積ならば大きな池をひとつより小さなものを複数造成し、それも年月をずらせて次々とつくるのがよいとしている。

トンボ相の衰退の原因として考えられるひとつに水草類の繁茂過多、とりわけ浮葉性植物によって水面が隈なく覆い尽くされることを挙げることができる。景観としては豊かに見えるのであるが、陽光が水底に達しない状態はやはり特殊なもので、そのような水中環境を好まない種類もあるであろう。しかし、逆にそれを良しとする種類もある。イトトンボなどの種の増加が見られ、ショウジョウトンボなども発生するようになる。

しかし、衰退をもたらす最大の要素は、アメリカザリガニと池の底に溜まったコロイド状の泥であると私は考えている。トンボ池にコイを入れないことはもはや常識であるが、アメリカザリガニは陸上を歩行することもできるため、大雨の折などどこからともなく侵入する。静岡大学のビオトープでも大発生し、池を干して採集したところ数百匹を数えたことがある。しかし、このザリガニも先に述べた造成後一三年の段階では一匹も見られない、文字通り無生物の池と化したのであるが、その理由は明確である。池の底は三〇センチメートル以上の深さでフワフワと遊離した泥によって占められていたのである。これは大雨の際周囲から流入した濁水、つまり土のコロイドが沈殿しきれない状態で貯まったもので、ヤゴのような微小な生物でもその上に静止することができず沈んでしまうため生活ができないのである。この泥の除去は困難をきわめるが、かつてトンボを量産した溜池などでは、夏季に水門の仕切り板をはずすと、最後に底に溜まった泥層まで流れ出しことを覚えている。意識的にかどうか分からないが、溜池の生態系の衰退を防ぐ効果があったことは明らかである。ビオトープに池を造成する場合これと同様の工夫が必要とされるであろう。

これよりさらに小規模な、いわばトンボ発生装置といったものものつくることができる。コンクリート製の水槽や小池は人家の内外に見られるものであるが、この中に鉢や木箱に水草を植えたものを設置する方法である。養父志乃夫氏は、プラスチック製の小型コンテナーに土を入れ、水草を植え、水を満たしたもので二、三のトンボ類を発生させることができると記している(自然環境復元の技術、朝倉書店)。ビルの屋上などに設置した場合にも、シオカラトンボなどは産卵に訪れるということである。同氏はまた、学校のプールのトンボ池化をも提案している。プールの使用は九月までであるが、翌年の六月までの期間少々の水を残し、前記の鉢植えの植物を設置することによって、シオカラトンボやウスバキトンボなどを多数発生させることができるというのである。

トンボ類の限られた種類であるが、このように大都市内でも繁殖可能である。これはトンボが大きな飛翔力をもち、遠方から飛来し、積極的に産卵場所を求める習性があることによる。現在ビオトープをネットワークする方法が模索され、コリドー造成の可能性が論じられているが、トンボ類はコリドーの必要性のない数少ない生物であるといえる。これは、一カ所のトンボ池で種の多様性を高めることが必ずしも必要とされない、ということを意味するものである。各所にそれぞれ条件の異なる水系が存在すれば、各種のトンボは自ら適した場所を選んで繁殖するからである。各地に密度高く分布し、奈良県などには二万もあるといわれる農業用溜池は、現在ほとんどがコンクリート化し、殺虫剤、除草剤の流入もあるらしく、きわめて生態系は貧弱であるが、このようなものをビオトープ化すれば、往時のトンボ王国を復活させることも決して夢ではないと考えられるのである。

河川の近自然工法

河川はわれわれが日々に必要とする飲料水その他の通路として、また農業に欠かせない灌漑用水の通路として、また古くは運搬の手段として人間社会を支えてきた。古代の四大文明がすべて河川の流域に誕生したのもこのような河川の恩恵によると考えられる。しかし一方、河川は洪水などによる生命財産を失わせ、耕地を流し去る恐るべき存在であった。為政者にとって洪水の災害から人々を護り、河川の恩恵を最大限に引き出す治水・利水が最大の任務とされたのである。

多くの急流河川を擁するわが国でも治水・利水は古くから重視され、多くの制度や技術が蓄積されてきた。それらは明治政府によっても受け継がれ、様々の改良を付け加え、近年に至っている。しかしながら、治水・利水のみを目的としたこの政策が最近大きな見直しを迫られることになった。

河川は今述べたような基本的な利用価値のほか、平野部の特殊な自然環境として豊かな生態系をはぐくんできた。また、流域住民にとっては漁猟の場であるとともに、様々な楽しみの場でもあった。とりわけ子供たちにとっては自然を原体験する貴重な環境であった。しかしこれらのことは、河川に関してのいわば付随的な事柄とみなされ、これまで特別な配慮がなされてこなかったのである。ところが、近年、平野部の都市化が急速に進み、最後に残された自然としての河川が注目されるようになったこと、また、近年の河川技術の発達に伴い、河川が徹底した工業的手法によって改修されるようになった結果、その自然性が急速かつ大幅に失われるようになったことなどから、従来の河川管理の方法に関して反省の気運が生まれることになった。つまり、治水技術の完成ともいえる時点で、それまで意識されることのなかった、河川の持つ別の価値が顕在化したのである。

河川の自然復元を願う運動の背景としては、ホタルの里の復活運動と同様、幼少の頃川で遊んだ人々に共通した楽しい思い出があるに違いない。このような運動が何時どのようにして誕生したかは定かではないが、少なくとも一九九〇年代の初頭には「水辺の復権」運動として知られるようになった。全国的に多くの運動体が結成されたのもこの頃で、私の知る限りでは「三多摩問題調査研究会」、「よこはまかわを考える会」熊本市の「江津湖研究会」、また私の住む静岡県では「柿田川保護の会」「カワバタモロコを保護する会」などがある。全国に広がったこのような運動の結集する「水郷水都会議」なども活況を見せるようになった。このような民間の動きに促され、建設省(現国土交通省)では一九九七年に「河川法」の改正に踏み切ったのである。これは、治水・利水に加え、河川の自然性と河川管理に関する流域住民の意向を重視することが盛り込まれた画期的な改正であった。二〇〇二年の現在では、さらに多くの団体が誕生し、各地の河川で様々な活動に従事している。

水辺の復権とは、人々が自由に水辺に近づくことができる状況の復活を願うもので、往時は権利とは考えられていなかったものであるが、多くの河川が事実上立ち入ることができなくなったことによって、新たな権利の主張となったのである。

この主張に対する直接の解答として与えられたのが、「親水護岸」である。多くはコンクリートで直壁化した護岸の要所要所に階段やテラスを設け、人々が水辺に接することを可能としたものである。しかしこの解答はご名答とはならなかった。確かに人々が水流そのものに接することはできるのであるが、その水辺は自然に乏しい味気ないものであったからである。親水護岸は行政の手によって各地に普通に見られるが、そこで人々が楽しむ姿を見ることは稀である。

親水護岸の一例（千葉県）

（土屋十圀：第38回水環境学会セミナー講演資料、2000）

このようなことから、「水辺の復権」は人々が水辺に近づく権利だけを意味するのではなく、擬人的にではあるが、水辺そのものが求める自然復活の権利というニュアンスを帯びて捉えれるようになった。このような動向に理論的根拠を与えたのがスイスで実行されてきた「近自然河川工法」の導入である。そのきっかけをなしたのは、一九八八年愛媛県五十崎《いかざき》町と高知県中村市で行われた、スイス・チューリッヒ州建設局の河川保護課長、クリスチャン・ゲルディ氏による講演があった。氏はそれより数年前から川の再生に取り組んでいた五十崎町の住民グループ「町づくりシンポの会」と、高知市のコンサルタント会社・西日本科学技術研究所の招きで来日されたのである。

スイスでも一九六〇年代に河川の人工化が進んだのであるが、その行き過ぎに対する反省から、一九七〇年代に川の自然を破壊しない工法、あるいは人工化した川を自然に戻す工法が提案されたのである。これは従来の工学的発想と異なり、生物学的、生態学的発想を根本に据えたもので、本来の生態系を保全あるいは復元する工法であり、基本的には自然河川をモデルとするところから「近自然河川工法」と名づけられたのである。

河川の自然状態とは、大まかにいって流形の蛇行性と断面の多様化である。自然河川で直線の流形を持つものはほとんどない。地形・地質と水のもつエネルギーによって曲線を描きつつ、絶えず変化してゆくのである。新潟大学の大熊孝氏はこのことを「川がつくる川」と表現している。そして、この蛇行性に沿って断面の変化が生ずるのである。それは淵と呼ばれる深みと、瀬と呼ばれる浅い部分である。淵では流れは緩く、瀬では淵に続く早瀬の部分で最も速く、次の淵に近い平瀬の部分でやや遅くなる、というわけである。川底の様子もそれぞれの部分で大きく異なり、すなわち砂泥質の淵、転石の早瀬、小石の平瀬である。

このような自然河川の基本構造は、一九三〇年代に日本人によって確認されていたことをわれわれは誇りとしてよいだろう。それは、可児藤吉という戦没によるその死が惜しまれた昆虫学者の生前の業績である。カワゲラ、カゲロウなどの水生昆虫の生態研究に従事していた可児は、各種の生息域が河川の部部的構造と密接な関係にあることを感じて、河川形態の分析に着手したのである。

しかし、この先の記述に関しては、淵と瀬が頻繁に交代する上流部分ではなく、市民運動がかかわりをもつことの多い平野部の緩やかな流れの小中河川を対象とすることにする。このような川は、中央の最深部から両岸に向けて緩やかに斜上し、さらに水辺からの相当の距離までその傾斜が保たれるのが普通であった。過去型で述べたのは、近年の河川改修によって、この基本構造が保存されている川はめったに残されていないからである。従来の河川工法では河川断面は低水路、高水敷、護岸提などに区分され、それぞれがコンクリート構造物によって分断されることが多いのである。

さて、自然河川の場合、この緩傾斜に沿って流れに平行したいくつかの植生帯が形成される、生態学でエコトーンと呼ばれるものである。それらは最深部から水際線まで、沈水植物、浮葉植物、抽水植物の順に植生帯が存在し、陸に上って湿生植物帯、軟木樹林帯、そして本来の地表面の硬木樹林帯というように並ぶのである。もちろんこれは典型的な状態であって、自然河川のすべてに完全なものが見られるわけではない。

このエコトーンを具体的な植物群によって示すならば、最深部にユラユラとゆれるエビモ、ヤナギモ、セキショウモなどの沈水植物、やや浅い場所でヒツジグサ、アサザなど水面に葉を浮かべる浮葉植物、さらに岸近くはマコモ、アシ、ミクリなど丈高い抽水植物がみられる。湿地部分の植生は多様で一定しないが、ミゾソバ、イヌビエ、スゲ類などが普通のものである。ヤナギ、ハンノキ、ドロノキなど軟らかい枝を持つことによって名づけられた軟木類もこ

自然状態での薮田川

のあたりから見られる。さらに、本来の地表面ではその地の一般的樹木、たとえだクヌギ、コナラ、エノキなどの硬木類がみられることになる。

河川断面に関してもうひとつ付け加えるならば、湿地部分に余裕がある場合、水流によって湾入部分が形成されることがある。ワンドと呼びなされている。この部分は、流れに接しつつ半止水的状態にあることにより生物にとって特殊な意義をもつものである。つまり、流水部分に住む生物の弱小なものが、この部分で一時期を安全に過ごすこ

河川改修後の藪田川（静岡県・藤枝市）

（改修後）　札幌市・精進川　（改修前）

とができるのである。蛙などが好んで産卵するのもこの部分で、川のナーサリー・エリア（保育環境）としての役割を果たすものといえよう。

以上のような特徴をもつ自然河川にできるだけ近い形に復元しようとするのが、近自然河川工法なのであるが、直線化しコンクリート化を遂げた都市内外の河川でそれを行うのは容易なことではない。しかし、自然の小川が求められているのはむしろそのような地域に他ならない。

完全に直線化、コンクリート化した都市河川に、少しでも自然を蘇らせようとする努力のさきがけは、山口市内を流れる一の坂川である。コンクリートの側壁の下、つまり低水路に土を入れ草を生じさせたものである。この川ではゲンジボタルの繁殖も試みられ成功している。

一九九〇年入ってからの事例としてよく知られているのが、横浜市内を流れる二級河川「いたち川」である。この川は川幅も広く、流路は完全に直線化され、さらに三メートルを越える直壁によって囲まれているという典型的な都市河川である。横浜市ではこの内部に自然を取り戻すことを計画したのである。低水路に土の岸辺をつくり、水路を蛇行させるために置石やベストマンロールで曲線状の水際線やワンドをつくり出した。しかし、川底が固く水流も穏やかであったため、淵や瀬の形成にはいたらなかった。ベストマンロールとは、円筒状の網籠にヤシの実の繊維を充填した蛇籠状のものである。ドイツで近自然河川工法を行う場合の護岸材として工夫されたもので、ヤシ繊維の中にヤナギ等の苗木を挿入することができる。現場に設置直後にはそれ自体の護岸機能によって、また年月が経てば、そこに生じた樹木の根茎によって洗掘を防ぐことができるとされる。樹木以外にはアシ、マコモなどの抽出植物を植栽することもできる。

このようなコンクリート護岸の内側に自然状態に近い岸辺をつくり出すことから一歩を進めて、コンクリート護岸そのものを撤去して、より自然に近い川づくりに取り組んだ事例も見られるようになった。

神奈川県大和市の引地川の場合、連結ブロック三面張りのコンクリート構造を撤去し、川の形態そのものを緩やかに蛇行する形で設定したものである。両岸は工学的手法による基礎固めを行った上で覆土し、土手を造出した。低水路に接した部分には河原を設け水草を生じさせ、その上部にはヤナギの挿し木をするなどしてエコトーン的状況を成立させた。河原といっても小さな張り出しに過ぎないが、これによって低水路の蛇行性が強調され、淵と瀬の形成

コンクリート化された川（静岡県・大谷川）

が促進された。

基礎工事の完成は一九九三年の三月であったが、同年秋に訪れた折には、すでに両岸は植生によって覆い尽くされ、完全に自然河川の趣を呈していた。

このように画期的な改修が行われた理由のひとつは、大和市の住民によってこの川での様々な活動が行われてきたことである。その活動を通じて得た経験に基づき、市に改修を要望したのである。さらにもうひとつの理由として、この川がごく近い上流の湧水に源流を持ち、流域が例外的に短く、そのため洪水が生じにくいこと、また隣接する厚木基地へ頻繁に離着陸する航空機の騒音によって、付近に人家がほとんど存在しないことなど、たとえ氾濫が起きても人命財産に被害が及ばないという特殊事情がある。

河川改修前の引地川（神奈川県・大和市）

河川改修直後の様子

工事中の様子

完成１年後の様子（神奈川県・大和市）

北海道にはさらに大規模な事例が存在するのも、台風の襲来が稀であることによるところが大きい。精進川は札幌市内を貫流する小河川であるが、数キロメートルに及ぶその流路のいたるところでコンクリート直壁護岸の撤去が行われ、草木が生ずることによって市民に憩いの場を提供している。台風による洪水被害に悩まされる本州その他では到底考えられないことである。

恵庭市の改修はさらに大規模なものである。水量豊富な茂漁川《もいざり》は、従来幅数メートルの垂直護岸によって、いわば無理に閉じ込められている状態にあったのであるが、その一部を一気に三〇メートルほどに広げ、内部に基礎を施した上で片側を緩傾斜の土堤とし、対岸は護岸を設けずに、残された河畔林に接続させたものである。エコトーンの形成上理想的な形であり、景観的にも優れたものである。私も本

自然のよみがえった川（北海道・恵庭市）

州からの視察団の一行とともにこの部分を見学したが、一行の多くは「北海道ならではのこと」とうらやましげであった。

気象や土地条件の有利な北海道各地では、河川の近自然化に関して画期的で、大規模なものが各地で見られる。先に述べたドイツ・スイスで開発された近自然工法がそのままの形で実施される条件が存在するのである。最近では、国土交通省の手によって、標津《しべつ》川流域で流路そのものの蛇行化の復元へ向けての大規模工事が計画されつつあるということである。しかし、北海道でも従来のコンクリート工法が一般的で、しかも大規模に行われていることをつけ加えておく。

流路の直線化、護岸のコンクリート化以外に河川の自然を著しく損なったものに、ダムや落差工など、魚の遡上を妨げる段差の構築がある。しかしこれらは、エネルギー獲得や流路の安定化などに欠かせないものであることから、撤去するわけにはいかない。そのため、それらの脇に緩傾斜の流れをつくって、魚の遡上を助けることになる。これが魚道あるいは漁梯と呼ばれるものである。淡水魚に富み、これを利用する人々の多いわが国では古くから魚道に関する設計は盛んで、優れたものを各地でみることができる。私が見学した沖縄の漢那ダムでは、巨大ダムの横にジグザグに設けられた急傾斜の魚道であったが、このようなものでも胸に吸盤を持つハゼ類は遡上することができるようである。しかし、一般に巨大ダムに魚道を設けることは不可能で、そのためダム上流部へは人間の手による淡水魚の運搬、放流が行われている。

一方、山地に普通に見られる落差工、砂防ダムも、最上流部にすむイワナなどの遡上を妨げるものであるが、最近ではコンクリート壁に代わって、鉄柱や鉄スリットによって巨石の転落を食い止めるとともに、水流はその間を通過する方式のものが開発されているようである。しかし、その効果についてまだ耳にしていない。

ドイツ・スイス式の近自然工法で特徴的なもののひとつに水制《すいせい》というものがある。これは岸辺から流水に向けた突出構造で、ドイツ・スイスでは巨石を積み上げてつくられる。わが国では、先に述べたクリスチャン・ゲルディ氏の招待者の一人で、ドイツ・スイス式自然工法の推進者である福留脩文氏によって各地に造成された。私も四万十川下流のものを見学したことがある。

水制は水流に変化を与えることによって護岸にも役立つとともに、土砂の堆積を調節することができる。それによって、河原や中洲が生じまた蛇行性を強調させることによって淵や瀬をつくり出すことができるといわれている。

ドイツ・スイス式近自然河川工法は、このように優れた発想を持つものであることから、わが国でも大々的に採用されてきた。しかし、その根本精神は学ぶべきものがある一方、わが国の気候・風土の違いから、直輸入的採用に対して反省の気運もある。その補完的方法としてわが国で古来開発され、最近になっていわゆる近代的工法の一般化によって消滅しつつある「伝統的河川工法」が見直されつつある。

治水技術は何らかの形で古代から存在していたはずであるが、とりわけ急速な発達を遂げたのは群雄割拠の状態にあった戦国末期からであろう。戦力は経済力を背景とするものであることから、諸侯は治水・利水の必要に駆られたのである。そして、天下泰平を迎えた江戸時代にもその技術は継承発展させられたのである。私の住む中部地方でも、武田信玄によってつくられたという富士川上流の信玄堤、下流のかりがね堤、安倍川下流の幕府の命により薩摩藩の手で築かれたという薩摩堤など、様々な堤防が設けられていることが知られている。

伝統的河川工法の共通の特徴は、「流れに逆らわず流れを制する」という柔道の極意に似た発想である。これは大規模工事が困難であった時代、河川の水理を綿密に観察することによって編み出された方法である。そして、それは結果として河川の自然性を景観的にも生態的にも破壊することが少なかったため、近年自然河川復元の手法として見なされることになったのである。

伝統的工法には、甲州流、関東流、紀州流、濃州流など多岐にわたるため本文で詳細に述べるわけにはいかないが、よく知られたものとして、霞堤、乗越堤がある。霞堤は本堤に平行して不連続につくられるもので、本堤への水勢を削ぐものである。乗越堤は増水が一定限度を超えた場合にこれを溢れさせ耕地に導き、下流で再び本流に戻すものである。

護岸のための構造物としては様々な法覆工《のりおおい》、法留工《のりどめ》があり、その中で粗朶工《そだ》、木籠、柵工、蛇籠《じゃかご》、捨石などは現在再び採用されるようになった。先に述べたドイツ・スイスで行われる水制も実はわが国の伝統的工法に含まれるもので、総括的に「出《だ》し」と呼ばれ、材料や構造によって土出し、石出し、籠出し、杭出しなどの名がある。根固めとしては木枠や檻に石や粗朶を填めたものがあり、粗朶沈床《そだちんしょう》、木工《もっこう》沈床《ちんしょう》等が現在試みられている。

伝統的工法の中で最も特徴的で形も趣きのあるものに「牛」と呼ばれるものがある。丸太を三角稜に組んだ形が基本で、その頂点に突き出した丸太の端が牛の角に似ていて、全体的に牛を思わせる形であることから名づけられたものである。広い河原の要所に設置され、水流を変化させることによって岸辺への水当りを緩和する目的をもつものである。私の子供の頃には近くの川でも見られ、その近くには淵ができるため、角に当る頂点から飛び込みをしたものである。かつて製作に従事した職人衆も高齢ながら健在で、静岡県河川部に在職中の富野章氏がそれ

蛇籠による護岸（長野県・上高地）

伝統的河川工法の一例（大井川の大聖牛）

らの人々の指導のもとに何基か作製し、実用に供したことがある。増水時の観察では充分その役割を果たしたということである。現在も大井川や安倍川で見られる。

このようにして、近自然工法はわが国で独自の展開を遂げつつある。やがてはわが国の風土に最適なものが完成し、各地での自然復元に偉力を発揮することであろう。

学校ビオトープ

自然環境復元の運動、いわゆるビオトープづくりが今日のようにひとつの時代の動向となり得たのは、その背景のひとつとして、この運動を担う人々、とりわけある年配の人々の胸のうちに共通する子供時代の自然体験の記憶があることによるだろう。それは、わが国が貧しかった当時の悲惨な生活の記憶とない交ぜにされているとはいえ、本人たちにとっては忘れることのできない楽しい思い出であると同時に、人格形成の上で不可欠ないわゆる原体験として意識されているのである。幼少年時代を地方の町に過ごした私自身にとってもそれは同様であり、その日々は少なくとも記憶において「黄金の日々」であったと意識されるのである。

そのような体験の場であった当時の身近な自然が、いかに豊かなものであったかということはしばらくおくとして、当時の思い出をとりわけ彩り多いものとしているのは、そこでの様々な体験が単独で行われたのではなく、集団つまり子供仲間で行われたという事実がある。伝統的な自然環境とともに伝統的な子供の世界、ガキ大将に率いられた有機的な集団が存在したのである。身近な自然とはいえ、そこから楽しみを引き出すためにはそれなりの知識と技術が必要とされる。またそこに存在するような様々な危険を察知し、適切に対処することも重要である。それらのすべてが漠然とながら一種の伝統として子供集団に受け継がれてきたのである。当時の子供たちはこのような集団活動を通じて身近な自然の本質を知り、自らの体力技能を鍛え、危険から遁れる術を身につけるとともに統率の必要性を認識したのである。つまり、子供たちは学校による教育以前に、あるいは学校以外の場で人間として、という以上に生物個体として基本的に重要なことを「学んだ」のである。

このような伝統的子供集団とその活動の場であった身近な自然はともに、最近の数十年間に衰退・消滅の一途をたどってきた。そしてそれらのことが、現在の子供たちの心身の発達に大きな問題を惹起しているという認識が、漠然とながら大きな広がりとして醸成され、それをひとつの背景とした流れとして自然環境復元の運動が進展してきたと考えてよい。自然発生的な運動の通例として、明確なスローガンが掲げられることはなかったが、身近な自然の復元に関わる人々がすべて「種の多様性の減少」などという抽象的な問題意識によって立ち上がったとは考えられない。何よりもまず、自分の子や孫達にも自分と同様の自然を味合わせたかったのである。

文部科学省は、最近の子供たちの心身の発達面での問題の多発ぶりへの対応を迫られ、抜本的な学校教育の再編に取り組みつつある。その具体的な方法のひとつとして二〇〇二年度から全国的に実施される「総合教育」課目がある。つまり、現在の子供たちに欠けているものに「総合能力」があるとの認識によるものである。なぜ今さらそのような認識が必要とされるようになったのだろうか。

従来の学校教育は、科目別の知識、能力を身につけることに専念されてきた。あえて総合能力などという漠然としたものは必要とされてこなかったのである。つまりそのような能力はいわば自明のこととされ、その先に進むことのみに意を用いてきたともいえる。それはある時点までは正しい判断であったであろう。先に述べたような、いわば伝統的な環境に置かれた往時の子供たちは、学校以前あるいは学校以外の場での遊びを通じて基礎的な認識、能力を総合的に体得していたからである。分かりやすい例として、身体的能力に関していうならば、往時の子供たちは、木登り、水遊び、かけくらべ、竹馬等々の遊びを通じて様々な運動能力と体力とを総合的に身につけていたのである。学校ではそれを前提として組織的運動といわゆるスポーツの訓練をすればよかった。しかしその前提が失われた現在、一般的な基礎体力の低下と、特殊な競技以外には何もできない子供たちが一般化してしまったのである。

知育的な面でも同様である。野生生物は子供たちにとって理科教材の材料である前に、遊び道具であり、獲物であり、生きものを通じて様々な感覚や感情、時には深い感動を心に銘記されたのである。それらの記憶は多角的、多義的であり、学校教育での理科、美術、国語などの各分野で、それぞれの角度から呼び醒ますことのできる「総合的」な認識であった。

このように、学校以前あるいは学校以外の場で自発的、総合的かつ感情を込めて獲得される認識は

「教育」という、上から画一的に与えられることとは区別して「学び」と呼ぶのが適当であろう。往時の教育は膨大な「学び」の蓄積の上においてのみ効果的であり得たのである。

学校教育以外での学びの場があらゆる面で崩壊・喪失したのがこの数十年、とりわけ最近の十数年間であるといってよい。それは先に述べた子供集団や身近な自然の破壊のみによるものではなく、社会全般の状況変化によるものである。たとえば地域コミュニティの喪失、家庭崩壊などによる家庭での躾の喪失などがそれであろう。そして、それらの結果のすべてが学校教育の不備であるとされてきたのは不幸で不当なことであった。しかし、現在この状況下で何事かをなさねばならないとしたならば、従来学校以外の場で学ばれてきた事柄を部分的にでも学校

水草を植える小学生たち（鹿児島市・川上小学校）

で行わなければならないであろう。いわゆる「学力」の向上以外にこのようなことに時間を割くことに対する批判が現在噴出しつつあるのだが、私は総合的学習に賭けた文部科学省の方針は正しいものと考えている。そして、私自身ができうるごく些細な事柄は、復元された身近な自然を、子供たちの原体験の場として活用する方法を模索することである。

その方向で考えられることに二つのことがある。そのひとつは、学校内に最小限の自然環境の場を造成し、生徒が日々接することができるようにするというものであり、もうひとつは従来の林間学校の継続として広大な自然に触れさせようとするものである。

前者は学校ビオトープづくりとして全国に広がりつつある。先に述べたように、ビオトープづくりの背後に、子供たちのために自然を与えたいという意向がある以上、それは当然の帰結である。しかし、現在見られる学校ビオトープは学校内のごく一部を利用したごく小規模なものが多く、子供たちの勝手気ままな振る舞いを許すものではない。ビオトープとしても不充分な内容のものが大部分であり、ビオトープの名は単に目標を示すものと考えたほうがよい。ただし、日々接することができ、継続的に観察することができるという点では優れたものである。

後者の場合、様々な場所が考えられるが、地方には相当広い規模を持つビオトープ公園などがあり、そのようなものは最適であろう。また、後に述べる棚田などで、このような団体を迎える用意がある所もある。ただし、滞在が許されるのはせいぜい数日程度ということで、充分に自然を体験させることは難しい。両者に一長一短ありというところであるが、ここでは学校ビオトープについて少々述べることにしたい。

学校ビオトープづくりは現在活況を呈していて、全国ではおそらく千以上の小中学校で何らかのものがつくられていると思われる。必ずしも学校の敷地内に造成されるわけではなく、隣接する場所に地主の了解と協力のもとに営まれるものもある。都市の中心部ではコンクリート校舎の屋上に造成されるものもある。学校ビオトープが意義ある点は、その造成のすべての段階で教師・児童が取り組めること、PTAなど地域社会との協力により、いわゆる「開かれた学校」が促進されることである。

造成の発端は、学校側からもたらされる場合とPTAなどからの要請による場合とがある。後者の場

PTAによってつくられた、少し立派すぎたビオトープ

合の方が概ねスムースに行くことが多いのだが、問題がないわけではない。私の知る事例では、ＰＴＡに大変熱心な方がおり、また他にも造園業者を含む多士済々のメンバーがいたことから、学校側の了解を得ると、アッという間に学校ビオトープとしては最大級の立派なものをつくり上げてしまったのである。問題はその間教師も児童も傍観者的立場に置かれたことで、その後の利用・管理の面で当事者意識が育たなかったというようなこともある。

理想的には、校長が明確な意向を持ち、教官に熱心な生物系の人物がいることであるが、逆に熱心な教官の提案を校長が受けて立つということでもよい。校長とリーダー的教師のコンビが成立したところで、全教師、全児童、ＰＴＡなどに働きかけを行うことになる。外部から講師を招いて説明会を開くことも有効である。その適任者として、現在では大抵の地域にビオトープづくりに関わったナチュラリストが存在する。私も年間何度もそのような場に呼び出され熱弁を振るってきたものである。このような根回しがうまくいくことが基本的に重要である。必ずしも理科系の教師でなくてもよく、学校ビオトープの場合、ビオトープの本来の意味である「野生生物の生活環境」を厳密に考える必要はない。従来の学校内花壇や菜園のように栽培種を中心にしたものではなく、「生物相互のかかわりも重視する」という程度でよいであろう。

私はこのような学校ビオトープづくりに関する講演の際、学校内に新規に造成される部分のみがビオトープというのではなく、大抵の学校には植えられた樹木や教材園の形で、すでに最少限のビオトープが存在するのだということを強調することにしている。そのような要素に注目し、そこにどのような生態系が存在するかをまず観察すべきである。その上でより豊富な生態系をもたらすにはどのような要素が必要かを考えるのがよい。とかく日本人は近視野的で、新たに造成した小部分のみがビオトープであると考えがちであるが、これは間違いでもあるし、教育的でもない。生態系は校内全域から、さらに周囲の環境にまで広がるもので、さらにいえば、学校ビオトープといえども地球生態系の一部をなすものであるとの認識を抱かせることが重要である。

もうひとつ重要なことは、人間、つまり学校の児童、教師も学校ビオトープの生態系を構成する生物的要素であり、教材園に対するようにビオトープを一方的に管理するのではなく、それと共存するという基本的認識をもたせることである。実際には相当に管理に類したことをするのであるから、この認識はなかなか困難であるが、自然を対象化する近代科学の根本哲学の見直しが次期文明の創造につながるという認識を、少なくとも教師の側は持つことが重要である。その意味で、最近よく使われる「自然にやさしく」というフレーズも問題がないわけではない。都市地域の衰退した自然に対して分かりやすい表現であるが、地球生態系において「やさしく」されなければならないのは人間の側であるという認識が必要である。

さて、学内に有志グループができ、ＰＴＡにも協力体制が備わったところで、次は計画の段階に入るわけであるが、ここでは児童・生徒が自発的に関わる仕組みをつくり出すことが重要である。私が関係したいくつかの学校では、どのようなビオトープを造成するかという話し合いを各学校で行い、そのイメージ図を模造紙に大書し、それらを全校集会の場で発表するということが行われていた。参加意識をもたせる意味で有益であるが、中には途方もないプランもあり、それらを統合してひとつのプランにとめることは相当困難な場合もある。しかし、このような過程こそ「総合教育」として最も望ましいものであるから、結論を急ぐことなく、何度も学級に戻して検討を重ねさせるのがよいであろう。自然要素以外にも、学校ビオトープを実現させるためには技術的、経済的な要素、あるいは人の和などの条件も大切であることを学ばせることに意義がある。

学校ビオトープの造成に必要な経費を捻出することは、校長にとってなかなか頭の痛い問題である。小規模なものでも業者の見積もりでは一〇〇万円以上になるのである。それを材料費だけに限定し、あとは児童・生徒・教師・PTA有志の活動によって補う必要があり、またそれが望ましいことである。

最近、学校ビオトープの一般化に伴い、それがやや定型化する傾向が見られる。概念化というのであろうか、小川と池があり、その周りに植え込みがあるといった形であり、これらが揃わないとビオトープではないという思い込みができつつあるが、それは大きな間違いである。ビオトープには「野生生物の生活環境」という意味合いしかなく、何種類がなければならないという限定もないのであるから、大方の学校はすでに最少限の要素をもつビオトープがあり、ビオトープづくりは単にそれをいかに豊富化させようかという試みである。例えば校内の空き地に穴を掘り、ビニールシートを敷き、雨水を溜めるとか、落ち葉を集めて山にする程度のことからスタートさせてもよいのである。

ビオトープが自然生態系の場を目指すものであるとしたならば、それはどのようにでもあり得る一方、これで完成ということもありえない。この点が造園とは基本的に異なるのである。自然生態系は日々変化するもので、年々相当に遷移が進むものである。都市部の場合、この遷移は急速な外来種の優先という形で進むので、先に述べたこととやや矛盾するが、草刈りなどの管理を行わないと種の多様性が減少する場合がある。ビオトープづくりの発祥の地であるドイツでは、ビオトープは造成の後に人間は一切介入しないことを原則としている。しかし、わが国の場合この原則をそのまま適用することはできない。

学校に隣接する川につくられたビオトープ（静岡県・川原小学校）

たちまちにして背丈を越える雑草のジャングルと化するからである。ドイツで五年間放置されたという草地を見たことがあるが、そこでの草丈は人の膝を没するにすぎなかった。ドイツに比べて、わが国は亜熱帯に近いといってもよいのである。

人間が介入しないということは、基本的には立ち入らないということも含むであろうが、学校ビオトープの場合、その造成に関わる大人たちの気持ちには、先にも述べたように、自分自身の子供時代に経験したような自然体験を現在の子供たちにもさせたいという願いがあるのであるから、ビオトープを遠巻きに眺めるのではなく、その中で遊ぶことも許されるべきである。小規模なものでは当然許される限度はあるだろうが、少なくとも立ち入りを禁止すべきではない。

そのことに関して有利と思われる情報がある。それは別の章でも述べたことであるが、造成されたビオトープのとりわけ水系において、年を経るにしたがい生態系の成熟からさらに老化とも呼ぶべき生物相の貧困化が生ずるということである。そして、その対策、つまり若返り法として「攪乱」ということが話題にされている。

わが国の身近な水系はおおむね水田とその周囲の小川や溜池などであるが、これらの水系は年間の農作業を通じて激しく変化するものである。水田などは季節のよっては完全に陸地化するのが普通であり、水田には絶えず人間が立ち入るわけである。そこに住む生物はこのように激変する条件を有利とするものが蓄積されてきたと考えられる。それらにとって逆に停滞した状態は好ましくないのである。子供たちがビオトープの水系に立ち入ることは、いかに踏み荒らしたところで、撹乱としては最低限のものであり、ビオトープの老化防止にはむしろプラスであると考えられるのである。

学校ビオトープの一変形として学校敷地内ではなく、近隣の場を利用するものがある。例えば、近くの農家が減反などにより耕作を停止した水田をある期間提供してくれることがある。横浜市の倉田小学校では、数百メートルはなれた場所にあるそのような田の復田と水田耕作を実施していた。校内に設けるものとしては、泥まみれになって戻ってきた子供たちの手足を洗う、やや大きな洗い場だけである。

また、河川に隣接した学校では、河川敷などに手を加えて利用する事例もある。静岡市の川原小学校では国土交通省の了解のもとに、土手ひとつ越えた場所にある安倍川の高水敷のヤナギの河畔林の中に本流から引き込んだ小川を造成し、子供たちの活動の場を設けた。校内のビオトープに比べ、はるかに広大かつ本物に近い自然環境で、自然体験の場としては理想的であるが、このような条件に恵まれた学校は数少ないであろう。

個々の学校からは幾分はなれているが、幾つかの学校に囲まれた地域に公園としてのビオトープを造成する例もある。静岡県三島市には境川という小川があるが、その周囲の湿地と水田を県で取得し、そこに〇・五ヘクタールほどのビオトープ公園を造成した。一部に水田を設け、そこに近隣の小学校からの子供たちが田植えや稲刈りなどに訪れている。出入り自由であるから、日曜日などにはトンボ採り、魚採りなど個人的に楽しむこともできる。

東京都心部などの学校では、学校ビオトープの極小版ともいうべき屋上ビオトープがつくられることもある。東京渋谷区の臨川小学校では、コンクリート校舎の屋上に枕木を用いて区画を設け、そこに盛り土をし、野草を植えたビオトープを造成した。この学校ではこれとは別に、水泳期間以外の時期の水を張ったプールに浮島を造成し、水草とトンボの生育する条件をつくり出している。冬季はカモのような水鳥も来るということで、都心部のビオトープとしては相当の効果を上げている。

学校ビオトープづくりは、総合学習の一般化やいわゆる「開かれた学校」の進展を背景として、今後ますます盛んになるとともに、様々なバリエーションが付け加えられてゆくであろう。次世代を担う子供たちの心身の発達にとって、自然体験はかけがえのないものであるという教育上の意義とともに、都市部の自然化の拠点としても大きな意義があると考えられるのである。

ビオトープ園・エコアップ装置

ビオトープの語は最近市民権を得、行政の文書などにも説明抜きで用いられるようになった。大変喜ばしいことではあるが、少々問題がないわけではない。それは、ビオトープの語が本来の意味からやや逸脱して、一般化しているということである。

前にも述べたようにビオトープの語の成立は古く、百年程前にドイツの生物学者ヘッケルによって、現在の生態系に近い概念を示す語として造語されたといわれている。ビオは英語のバイオで生物を意味する、またトープはトポスつまり場所とか場を意味するギリシャ語から由来したもので、ビオトープは、単語としては「生き物の場」ほどの意味となる。当時はひたすら生物体の細部構造の解明に向かっていた生物学で、この語を必要とする生態学は発展の途についていなかったため、その後はいわば忘れられた状態で年月を経たわけである。その後、一九五〇年代から現在に至る生態学の発展がはじまるのであるが、そこでは物質循環の概念を持つ生態系＝エコシステムの語がもっぱら用いられることになった。

ビオトープの語が再浮上してきたきっかけは、地理学で地質分布を示すジオトープの指標として地上にある植生が利用されたことによる。このことによって、ビオトープに地域性という特徴が賦与されたことになる。そこで、地域の生態系の復元をめざす動向の中でこの語が再び用いられるようになったのである。「ある地域の特色ある自然生態系」とでも言ったらよいであろうか。生態系がそれだけでは地域性も具物性も持たないのに対し、ビオトープは「景観」を伴う具体的な生態系、ビジブル・エコシステムと言ってよいだろう。この特色は、市民・行政レベルで復元に取り組む対象の名称として格好のものである。

ビオトープは、したがって必ずしも復元された地域生態系（生物相という程度の意味で）のみを意味するものではなく、ビオトープづくりとは、いったん破壊された自然界のビオトープの修復ないしは復元を意味するのである。しかし、自らが関わったものに意識が傾けられるのは世の常である。自然復元の先進国であるドイツ・スイスなどにおいて、人間が修復、復元したビオトープをビオトープと呼ぶことが一般化したのである。わが国でも当然そのようなものとして受け入れられてきたわけであるが、わが国ではさらにその方向での固定化あるいは概念の矮小化が進んだように思われる。しかし、学問上の一概念が一般化、社会化するということはそのようなことであるのかもしれない。本文では以上のような、いわば正論を述べた上で、いわゆるビオトープ、つまり小規模な自然観察園あるいは自然性の高い公園といった程度のものを含めてビオトープとよび、それらについて述べることにする。

平野部が全土の四〇パーセントにも達しないわが国では、平野部は過密の状態にあり、地価も世界最高の水準にあることから、ビオトープづくりの場として与えられる土地はおおむね極めて狭小である。しかし、わが国では自然度の高い本来のビオトープが山岳部の広大な面積を占めているのであるから、自然地域の総体的豊かさではヨーロッパ諸国といささかの遜色もない。平野部が極端なまでに自然を破壊されているということである。要はその狭い場所にどれだけ完全に近い自然を再現できるかを考えればよいのである。さらにジーンプールとしてのビオトープを考えると、そこに地域の生物相をできるだけ密度高く維持する必要もある。高密度の生物相を目指すことは不自然ではないかとの議論もあるであろうが、自然界にも偶然の条件によってきわめて高密度の生物相を擁する場所は存在するのである。コレクターにとって採集の穴場と呼ばれる場所である。したがって、できるだけ多くの種が自然に集まる場所を造成するのがビオトープづくりの要諦であると考えてよい。

生物の各種は、そのライフサイクルを完遂するために種に特有の様々な条件がある。できるだけ多くの種を維持するためには、できるだけ多くの種の生活条件を最大公約的に備えた場づくりが必要とされるのである。しかし、無数に存在する種のひとつひとつの生活の条件を勘案して、それらを加算することは実際上不可能に近い。生物相互の関係、食物連鎖などを想定することはなおさら困難である。そこで、ビオトープの設計者はそのナチュラリスト的体験に基づいて穴場の条件のいくつかを造成し、後は成り行きに任せることになる。これは人間の世界にたとえるならば、団地造成に際して、人間の生活に必要と思われる条件を配備した上で、入居の可否は入居者の選択に任せ、またそこに出現するコミュニティのあり方についても成り行きに任せることに似ている。

ビオトープづくりに関して具体的に述べるに当って、その場所を都市内外の五〇〇～一〇〇〇平方メートルほどのサラ地ということにしておこう。都市ではこの程度の面積が平均的なビオトープづくりの場であることが多いからである。種の多様性を目指す条件として、まず欠かせないのが地形の多様性である。

土地が平面であった場合、太陽の入射角は一律となる。つまり最も基本的な条件である光と温度に関して単一となるのである。土地に起伏をつけることによって、その条件は多様なものとなる。小さな丘と谷であるが、想定された規模では築山とミゾ程度のものとなろう。平面図上の形態についてもできる

静岡大学校内のビオトープ造成予定地

だけ出入りの多いものがよいであろう。

ビオトープには必ずしも水系は必要としないが、もし得られれば生物相は飛躍的に豊富化する。しかも湧き水のようなものがあれば理想的である。私が静岡大学で造成したビオトープは五〇〇平方メートルほどの最小のものであったが、大学の農業実習地に隣接していたことから、農地に使用するくみ上げ水の供給を受け、三つの池とそれをつなぐ細流を造出することができた。先に述べた起伏する地形に水流を添わせることによって、地上部分にも様々な湿度条件の部分を出現させることができる。日照と湿度が様々に組合された多様な微環境が生ずるのである。水系は、水生動植物に生活の場を与えるのであるが、その場合でも水深、流速、水温などの条件を多様にすることによって、生物相を豊富化することができる。静岡大学構内ビオトープの場合、取水部分に接し

石積み水路の完成

て蛇行する低温かつ清澄の流水部分、いわば渓流的部分があり、第一の池に注ぐことになる。この池で温められ、いくらか有機化した水は四〇センチメートルほどの落差を経て第二の池に入る。そこから野川的趣を持つ細流として湿地を通過した後、最後のため池風のコンクリート池に入るという設計となっていた。このような水陸の基本構造ができたところで、それぞれの部分に適した植物を生じさせることになる。草本の場合、もとの表土に埋蔵種子が充分含まれていればそれらが自然に発芽し、適当に管理すれば自然にそれぞれの種に適した場所に落ち着くものである。管理として欠かせないのは年三，四回程度の草刈りである。もしそれを怠るならば、強力な外来草、セイタカアワダチソウ、アメリカセンダングサなどによって占拠され、在来種は消滅することになる。ビオトープは造成後基本的には放置するというのがドイツ・スイスでの方針であるが、彼地では五年間放置され

水路の造成

池のコンクリート部分に敷いたヤシ繊維のロールやマット

池には木工沈床、ヤシロールなどを入れる

た草地が、やっと膝を没するほどの草丈にすぎないという気候条件の違いがある。私も前記の大学内ビオトープを三カ年放置したことがあるが、三メートルを越すセイタカアワダチソウの純群落が成立し、その処置に苦しんだものである。わが国の場合、春の草本の花期が一段落する六月、外来種が強勢となる八月、そして枯草処分のための一二月の三回は草刈りを行なう必要がある。適当な種を選択して残す、いわゆる草本管理ができれば理想的であるが、丸刈りでも種の多様性を維持することはできる。要は丈高いものを優先させないことである。

同じ場所に生じた湿地植物群落

水草に関しては、水系が外部と連続しない場合にはある程度のものを移入することが考えられる。その場合、ヨシ、ガマなど丈高いものは避けるほうがよい。狭い水系にこれらの種が繁殖すると全水面が覆われ、開水面が全くない状態となるからである。ホソイ、サンカクイ、カンガレイなどの丈の低いものに限定すべきであろう。池沼や田んぼの土を移入すると豊富な水草が出現することがあるが、時に思わぬ種が大繁殖し、処置に苦しむことがある。水中藻類は一般に消長が激しく、なかなか思った種を持続させることは難しく、成り行きに任せるほかない。

樹木に関しては、初期にあまり多くを植栽するとやがて生長した場合過密となり、水系の日射をさえぎり、また落ち葉によって水系を富栄養化させることがある。シイ、カシなどの常緑樹はごく少数にしたほうがよいであろう。落葉樹も野生生物の利用度の大きな種を選んで本数を制限したほうがよい。クヌギ、ヤナギ、エノキなどでは多くの昆虫が葉を食物とするだけでなく、夏期に樹液を分泌して多くの昆虫を集める。小鳥類の好む果樹類も考慮すべきであろう。クヌギ、ナラ、ヤナギなどは、大きくなりすぎた場合伐採して株からの萌芽によって再生させることができる。

植物のあるものは昆虫の蜜源として重要である。クサギは夏の長い期間に花をつけ多くのアゲハ類を集める。園芸種のブッドレアは花期も長く、きわめて多くの昆虫に蜜を提供するので一本くらいはあってよいであろう。ヤブカラシという、あまり見栄えのしない蔓草も初夏から秋の長い期間花をつけ多くの昆虫を集める。このような蔓植物には棚を設ける必要がある。

昆虫や小動物のための餌場や生活上必要とする構造物はエコスタック、エコアップ装置などと呼ばれるが、種の多様性を増加させるために有効である。ナチュラリスト達によって様々なものが工夫されているので、そのいくつかを紹介することとする。

堆　　肥＝落ち葉が森林の生態系の重要な要素であることはよく知られている。バクテリア、糸状菌あるいは微小動物によるミクロコモスが展開される場である。昔の農家では、落ち葉に糞尿を混ぜ大量の堆肥をつくったが、その中からカブトムシ、コガネムシなどが多量に発生したものである。私が大学内のビオトープで試みたのは、園芸土をつくる会社から求めた約六トンのバーク堆肥を細長く積み上げ、当初数匹のカブトムシ幼虫を放ったところ、翌年から多数のカブトムシが発生するようになった。堆肥の消費も著しく、四、五年間でほとんど消滅した。毎年補給する必要があるであろう。なお、カブトムシは二、三年の大発生のあとほとんどが見られなくなったが、これは病気の蔓延によると思われる。それを避ける

堆肥の中の育った
カブトムシの幼虫

6トンのバーク堆肥の山と池

ためには数年毎に場所を替えて堆肥場を築くことが必要だとされている。

丸太積み＝エコスッタクとして一般的につくられるものである。広葉樹の丸太を積み上げたものである。クワガタ類を発生させるためには少し土を掘り下げ、丸太を水平に積み上げるのがよい。下部から腐朽が進みクワガタの幼虫の餌となる。

私は小屋の北面に縦に丸太を並べたが、きのこ類がよく発生し、これに甲虫類が集まるのが見られた。ベンチを兼ねた太い丸太を置くのも効果的である。これら丸太も意外に消耗の激しいものであるから、数年おきに補給する必要がある。

石積み＝自然石を積み上げた隙間は多くの小動物にとって住み場として利用される。村落の石垣などの隙間にトカゲ、カナヘビ、ヘビ類などが出入りしていたものである。石を輪囲い状に積み、草刈りで出た草の置き場とするのもよいアイディアである。刈り草は堆肥化する前段階でコウロ

草に覆われた石積み。ブロック塀にはヤシ繊維マットを着せ、草を生じさせた。

ギ類の発生源となる。前記の丸太積みの外囲いとしてもよいであろう。

砂場＝砂地のみを好んで住む昆虫も多い。私は高さ五〇センチメートル、一辺一・五メートル程の砂場を設けたところ、ヌカダカアナバチという砂中に巣穴を掘り、イナゴを狩って幼虫の餌とする狩人蜂多数が利用したことがある。しかし、砂地を住処とする昆虫の生活環境としては、もっと広々としたものが必要とされるであろう。

小屋＝昔の農家の納屋は小動物の巣窟であった。納屋自体が多孔質環境をなす構造物である以上に、その周りに積まれた薪束や粗朶の束などが多くの昆虫を引き寄せていたのである。ビオトープ中では本格的な納屋の造成は困難かもしれないが、丸太などの小屋のようなものは可能かもしれない。その場合、その内外に薪やソダの束などを積むことによって多くの微小動物に生活の場を与えることができるだろう。

ブロック塀に沿った石積み

屋根に土留めを施し土を被せる

雑草を植える

巣箱＝小鳥用の巣箱は、最も古くから知られたエコアップ装置である。小鳥に関しては、餌台、水浴び場などがある。それらに関しては日本野鳥の会で発行された書物等に譲ることにする。

蜂宿＝一般の人々に知られる蜂としては、アシナガバチ、スズメバチ、ミツバチなど集団で巣を営むものがあり、これらは巣に害を加えた場合には集団で襲ってくるので大変危険なものである。しかし、蜂の仲間でも単独、つまり雌バチが一匹で巣を営むものがあり、わが国でも数百種が知られている。これらの多くが竹筒、とりわけ口径一センチメートル内外の一方に切

木屋の周りには小動物のすみ家となる空隙の多い材料を配置した

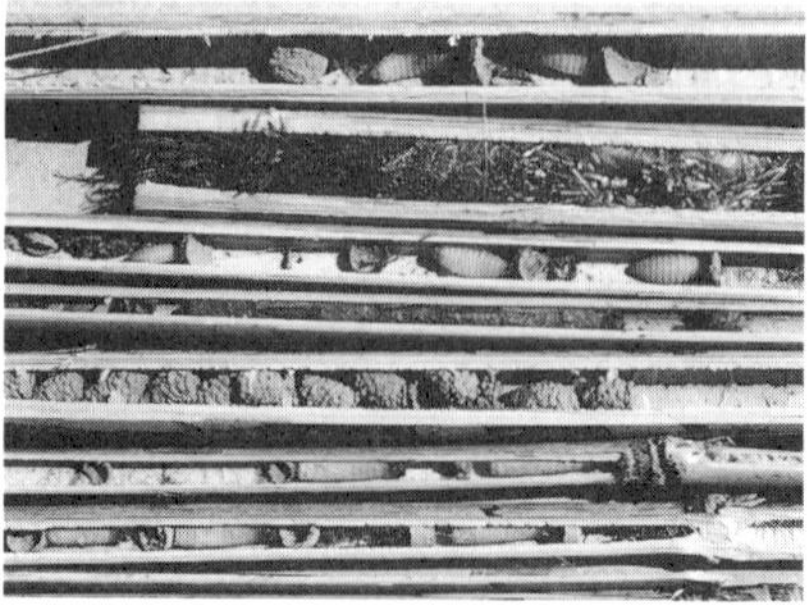

上の写真に置かれた竹管につくられた様々な蜂の巣（静岡大学校内）

り口をもつ竹の筒に巣を営む。以前はあらゆる場所に竹が使われ、切り口を持つ竹が普通に見られた。また、草屋根の農家の軒にはカヤや麦藁などの切り口をもつ端が無数に存在した。このため農家の周辺は巣を営む蜂で大変な賑わいを見せていた。現在の農家では、これらの自然素材が全くといってよいほど用いられなくなったため、それらの蜂は姿を消すことになったのである。

このような蜂類のために、様々の口径を持つ竹や麦藁などを束にしたものを水平に設置してやれば、どこかに細々と暮らしていた蜂が発見して営巣し、次第に増加する。私は大学のビオトープにおいて、先に述べた丸太小屋の側壁に棚を打ち付けたところ、周囲の環境に恵まれたこともあって、次々と新しい種類が営巣をはじめ、往時の農家周辺と同様の賑わいを取り戻したものであった。

蜂というと大変危険なもののように受け取られがちであるが、これらの単独性の狩猟蜂や花蜂は決して人を襲うことはない。アシナガバチ、スズメバチのような蜂でも、巣に害を及ぼさない限り決して人を襲うことはない。ビオトープ内での生態系の上位を占めるこれらの蜂の存在は意義あるものと考えられるべきである。

以上私の思いつく限りのエコアップ装置について述べたが、生物相を豊富化する様々な工夫が、これらからもナチュラリスト達によって加えられていくことであろう。

一方、最近ではビオトープ的発想が広い面積の公園・緑地などに採用されることも多くなってきた。その場合、その全面積を本格的なビオトープ、つまり野生生物の生活を主体とした環境とすることは不可能でもあり、望ましいことでもない。そこで、地域区分つまりゾーニングということが考慮されなければならない。

広大な公園・緑地の場合、おおむね三種類の地域を想定するのがよいであろう。人間中心の利用エリアとビオトープエリア、そして両者の間の緩衝エリアである。

ビオトープとしては、今までに述べた様々なエコアップ装置を配した小面積のものでよい。この部分は野生生物のみの利益を保証するサンクチュアリーとして人間の立ち入りを最小限とし、野生生物から危害を加えられることに関しては自己責任ということにする。したがって、この場所は物理的に立ち入り困難であることが望ましい。池沼の中の島などが理想的である。もしそのような条件がない場合には、周囲に樹林などによる緩衝エリアを設ける。樹種によっては、この部分もビオトープの延長となりうるのである。その外側に芝生、花壇といった従来式の公園が広がることになる。私の知る限りでは、京都市の梅小路にある京都府立の公園でビオトープ、日本式庭園、芝生広場などをうまく配置した事例がある。

最後に、最近問題となってきているビオトープの水系の「老化」とよばれる現象について触れることにする。

ビオトープ中に水系を設けることは、種の多様性を増加させる上で有効であることは先に述べた通りであるが、これらの水系のとりわけ止水部分である池が次第に生物相の活力を失う減少が注目され、それがビオトープの「老化」と呼ばれるものである。

静岡大学に造成したビオトープの池でもその現象は見られた。池をつくって二、三年間、生物相はきわめて豊富で、しかもその変化は急速であった。やっと周囲に草の生えはじめた段階で、アメンボ、マツモムシ、ハイイロゲンゴロウなどの昆虫、あるいはツチガエルなどが見られた。二年目以後ではクロスジギンヤンマの羽化が盛んで、おそらく夏の間に数百匹が羽化したものである。しかし、この初期の活況は五年目頃にはすでに見られなくなり、トンボではシオカラトンボ、オオシオカラトンボ、ショウジョウトンボなどがよくみられる程度であった。しかし、その後、それらの種も次第に少なくなっていったが、その原因としてアメリカザリガニの異常繁殖が考えられた。アメリカザリガニのみが繁殖する状況が四、五年続いた後、それすらも姿を消したのが二〇〇一年の頃であった。そこで池の水を抜き、様子を見ることにしたのであるが、池の水が減るにつれて底部に沈殿した泥の層が現れたのである。堆積というのではなく、粥状の浮遊層である。微小な生物であってもその上に身を置くこと不可能である。つまり池の底は無生物状態におかれていたのである。この泥の浮遊層は、雨水とともに流れ込んだ十のコロイド粒子の蓄積によってできたものであろう。おそらく、水系の老化の主因はこの層の出現にあると思われた。

水系の老化の対策として攪乱、水系の場合にはフラッシュつまり洪水が有効であるということが最近よく議論されるが、それは一義的にはこのような蓄積された泥の層の除去ということであろう。しかし、池の場合、水を抜き後一週間ほど天日にさらすことによって泥層を干し固めることができる。いったん圧縮された泥層は再び浮遊層に戻ることはないのである。ビオトープの老化、つまり生物相の衰退の問題は水系以外にも様々な状況が見られるようである。今後の観察と対策が望まれる。

農村の自然復元

昭和二〇年(一九四五)頃まで、わが国の人口のうち農村人口は約七割の比率を占めていた。平野部の大部分は水田で覆われ、山間部にも棚田が広がっていた。山腹や丘陵にも畑が営まれていたが、そうでない場合には薪炭林、植林などによって占められていた。当時の都市、とりわけ地方の都市は規模も小さく、このような田園に取り囲まれ島のように存在していた。東京・大坂などの大都市も、欧米の都市のように農村と截然と区別されたものではなく、田園地帯に不規則に拡がるとともに、内部にも農村的環境を残存させていた。このようなことから、日本人のすべてが田園的環境を身近な自然として様々な

種の多様性に富んだ伝統的農村環境(島根県)

関係を結ぶとともに、そこに多くの楽しみを見出していたのである。

このような農村環境は当然純粋な意味での自然であるとはいえない。何百年にもわたって農民によって徹底的に管理された、いわば米の単作プランテーションともいうべきものである。しかし、他の単作農地と比較した場合、水田地帯はそこに存在する野生生物の種の多様性、各種の個体密度に関して断然群を抜くものであった。それらは、水田が一種の湿地であることによるところが大きい。湿地は地球上で最も豊富な自然環境として知られている。水田は確かに年間を通じて徹底的に管理された人為的環境であり、すべての野生生物に生活の場を約束するものではない。だが、何百年にもわたるその耕地の歴史の間に、この条件に適応することができた生物が次第に増加し、種の蓄積が行われてきたと考えられる。水田以外の農村要素も、水田と相互補完的役割を果たすことによって農村生態系の豊富さを頂点にまで高めていた。

水田にはまず灌漑のための水路、小川そして溜池などが付随するが、それらもまた水田の生物にとって貴重な生息場所であった。たとえば、水田は冬季には乾田化するのであるが、その間水生生物の多くは水路あるいは、それを通じて池・沼などに退避することができるのである。

水田の周囲に存在する林地や村落もまた、水田と同様豊富な生物の住み家であった。今日里山と呼ばれる村落周囲の山林は、農民が生活上必要とする物資、燃料や刈敷き料あるいは果実などの食糧を得る場としてよく管理されていた。林地での間伐も適当に行なわれ、陽光や雨水の確保される林床には様々な草本類が生育し、季節季節の花を楽しむことができた。里山と水田地帯の中間に立地することの多い村落もまた、豊富な生物相の存在する場所であったが、ここではとりわけ昆虫をはじめとする小動物のハビタット、巣づくりの場所が豊富に提供されていた。往時、村落の住居をはじめとするあらゆる構造物が木、草、竹、石などの自然材を用い、手造り的に営まれていた。このため、あらゆるサイズの孔や隙間を無数に持つ、いわゆる多孔質環境をなしていたのである。それらは自然環境中にはそれほど豊富には存在しないものである。そのため、そのような孔や隙間に営巣する昆虫類その他の野生生物が大繁殖を遂げていた。人間の村落であると同時に昆虫類の都市が営まれていたといっても過言ではない。私は中学生の頃から蜂類、とりわけ単独性の狩猟蜂や花蜂類に強い興味を抱いていたが、それらの観察や

よく管理された里山（神戸市）

採集のポイントは原生的自然ではなく、これら村落におかれていた。これら村落を一日かけて巡り歩けば一〇〇種以上の蜂を採集することも可能であった。また、村落内には人手によって栽培された樹木、草本の種も豊富で、それらを発生源や蜜源とする昆虫も多くみられ、これも原生的環境を凌ぐものがあった。

これら村落で繁殖する動植物類が、周囲の山林や水田を補完的な生活の場としていたことはいうまでもない。たとえば、ツバメという鳥は人家などに限って営巣する鳥であるが，育雛のための食糧は水田の上を飛び回って集めるのである。逆に水田から発生したセセリチョウ類が村落中の草花に群れる様もよく見られたものである。

このようにして農村は、総体として最も豊かな生態系をもつエコトープとして存在したのである。エコトープとは水田、小川、池沼、里山、村落などを各ビオトープとすると、その有機的な総合体として与えられる名称である。

一方、このような農村環境のもつ文化的意義も忘れてはならないであろう。かつての農村は景観として比類なく美しいものであり、近隣の住民にとっては広大で無償の公園として、自由にその自然を楽しむことができ、とりわけ子供達にとっては貴重な原体験の場であったことはもちろんのことであるが、さらに重要なことは、そのような環境が数百年以上あるいは千年以上にもわたって存続してきたということである。つまり、農村的自然は民族としての原体験の場であったといっても過言ではない。各地に歴史以前の集落が保存復元されている。田んぼが円形であったり、かやぶきの家に軒がなかったりという相違はあるにしても、基本的には最近まで続いた伝統的農村と異なるものではない。おそらくは同様に農作業その他の生活が営まれていたであろう。共存した生物相も多くは現在の種と共通のものであったに違いない。このような環境は日本人の原環境であり、もろもろの文化的要素はここにそのルーツをもつものであろう。わが国の文化は世界的にも例のない洗練されたものであるとされているが、そのルーツをたどると、その多くが農村の生活に帰着するのである。つまり、農村的環境はわが国の文化のバックボーンであり、それを喪失することはその文化の存続にも関わるものと考えられるのである。

科学的にも文化的にも重要な意味をもつこのような伝統的農村環境は、残念ながら現在崩壊の危機に瀕しているといってよい。その生物学的側面としては、生物相の極度な減少がある。実はその状況がスタートしたのは相当の昔、前人戦の直後、つまりわが国の敗戦直後に遡る。

当時、わが国を占領していたアメリカ軍は、驚くべき品々をもたらしたのであるが、その中に画期的な殺虫剤、DDTがあった。DDTはまたたくまに、ノミ、シラミなど敗戦国民を悩ませた家庭内害虫を一掃してその偉力を発揮したが、間もなく水田で一斉にしかも多量に使用されることになった。ここでも効果も著しく、永年の災厄であった農業害虫を徹底的に駆除したのである。しかし、それとともに、あらゆる小動物が姿を消した。当時昆虫少年であった私は、トンボ一匹、鳴く虫ひとつない夏の一場面に遭遇して寒気を覚えたことがある。このような状況は、実はＤＤＴの発明国であるアメリカでは、さらに大規模に出現し、その後まもなく、レーチェル・カーソン女史の「沈黙の春」によって告発されることになるのである。しかし、それは後年のことでわが国での農薬類使用はその後も続き、殺虫剤に続いて除草剤による草本類の消滅が進行した。そして、それらと平行して生じたのがあらゆる農村構造の改変、それは人的構成など社会的面も含めてであるが、とりわけ物理的構造物の徹底的改変である。つまり、先に述べた自然材、手造り的な村落の家屋、小屋、垣根、石垣などが工業製品によって徹底的に置き換えられたのである。さらに水路、小川などもコンクリート護岸によって直線化、直壁化された。それは、かつて無数に存在した小動物のハビタットを消滅させることに他ならなかった。

失われてゆく棚田

さらに、里山と呼ばれる山林でも大きな変化が生じていた。里山は薪炭林としての雑木林、あるいはスギ、ヒノキなどの植林で占められていたのであるが、急激に進行した燃料革命や木材不況によってその経済的意義を失い、したがって管理を放棄されるようになった。間伐を停止した山林は過密化し、陽光と雨水を失い下草が消滅した。この鬱蒼とした外観を持つ森林は実は種の多様性は高くなく、また下草による土壌の把握が行われなくなったことにより大雨の際には土壌の流失を招き、ひいては河川の汚濁をもたらしたのである。人間にとっても、小径が消失した薄暗い森は快適な環境とはいえず、このようにして、里山は人間社会との交流を断つに至ったのである。

さらに悪いことは続く、それは米の過剰による例の減反政策である。多くの田が耕作を停止されたことによって雑草地化したのであるが、それらの草本の多くは強力な帰化植物であり、在来種が回復するわけではなく、単純で荒廃した光景をもたらせたのである。とりわけ山間部に営まれる棚田は、その労働力に比べて収穫に乏しいことから、真っ先に減反の対象とされることが多い。しかし、棚田は長い歴史によって築かれてきたものであり、とりわけ石垣はその歴史を物語るものがあると同時に、美しい景観要素としてわが国の田園風景を特色づけるものであった。

このような自然環境としての変化と平行して、農村社会の変貌にも著しいものがあった。戦後にはじまった農村の近代化は、当初順調に経済的繁栄を迎えるかに思えたのであるが、先に述べたことを含むさまざまな情勢変化により、農村は次第に疲弊の色を深め、労働人口の流失による過疎の状況を生み出

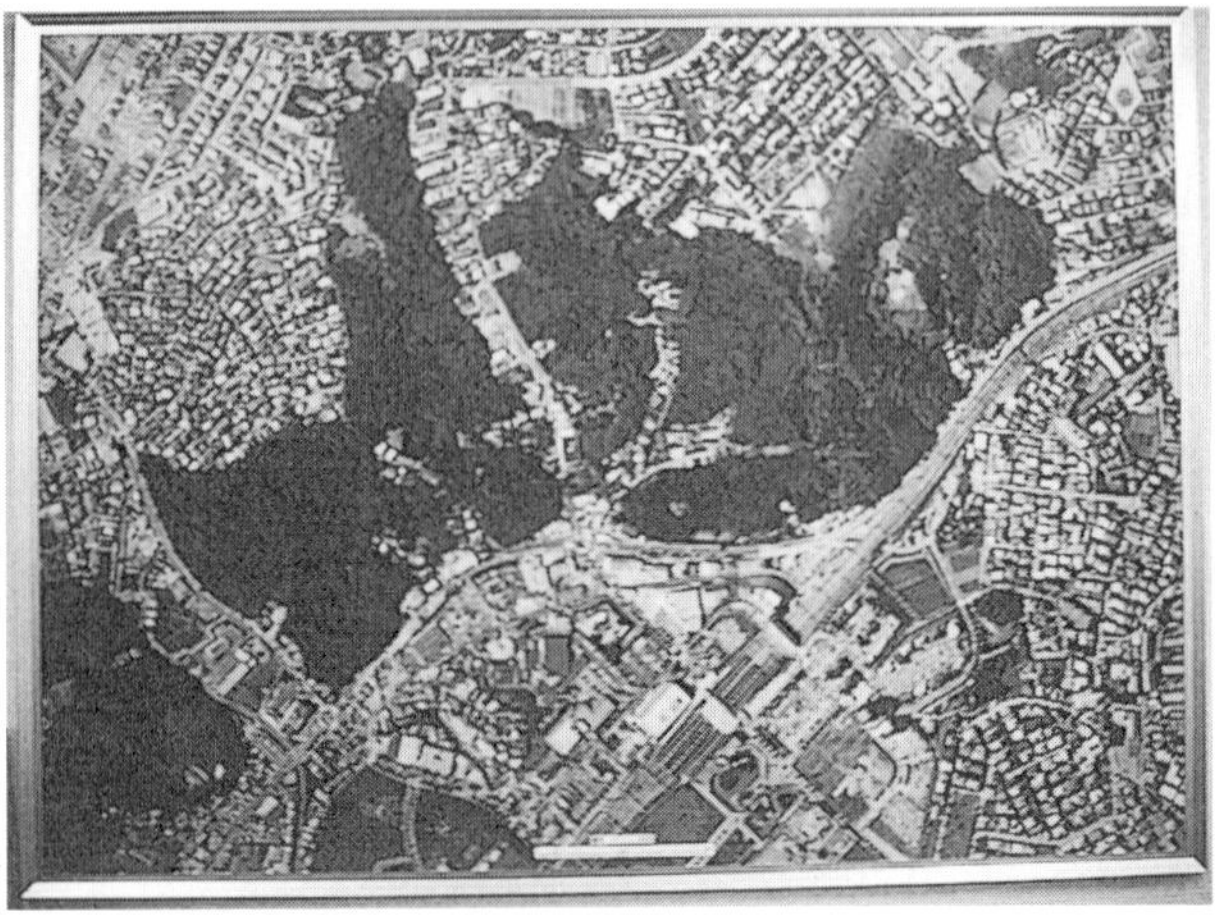

農村環境に迫る都市

その一部につくられたビオトープ（川崎市麻生区）

したのである。一九九〇年代に開始された自然復元運動は、その当然の帰結として、このような農村環境の現状に対してその復元をめざすことになった。農村の一要素である河川の自然復元の動向に関しては、「河川の近自然工法」で詳しく述べたので省略することとして、ここではまず、一九九〇年頃からスタートした「里山管理運動」について述べることにする。

里山という言葉は今日では日常的に用いられるが、実は一九九〇年代初頭に「里山管理」運動の創出に際してつくり出されたものである。もちろん単語としてはそれ以前にも存在したであろうが、それは都市から遠く離れた場所の風景の一要素にすぎなかったのである。

近年、この里山が市民運動の対象としてクローズアップされた理由にはいくつかの要素が考えられるのであるが、その第一として考えられるのは、最近の二、三〇年間における都市の膨張である。かつては農村環境に囲まれた小島のような存在であった地方都市が数倍以上の規模に膨張し、周囲の農山村地域にまで拡大された。大都市の拡大はさらに顕著で、たとえば東京都とその周辺の都市の拡大によって関東平野全域が都市化されつつあるといってよい。このような状況によって、かつては遠い存在であった里山が都市住民にとっては身近な存在となったのである。宅地化をまぬがれた丘陵や山腹が住宅地に囲まれるような状況が一般化したのである。かつては農民の生産の場であった里山が、都市住民にとって貴重な自然としてとらえられるようになった。これが第一の理由である。

一方、第二の理由は先に述べたように、里山が農民にとって急速に経済的意義を失ってきたことである。さらに、農村での労働力不足ともあいまって里山が管理を放棄された状態に陥り、このため樹林の過密化とそれに伴う下草の消失が進行しつつある。これはいわば里山の原生林化ではあるが、自然保護の観点からも必ずしも望ましいことではなく、治山、ひいては治水上からも問題であることは先に述べたとおりである。

都市と農村のそれぞれで、このような条件がクロスした点で里山管理運動が生まれたと考えてよい。運動の進展により里山の概念も拡大されてきた。一九九〇年頃、大阪府立大学の重松敏則氏らの主導によって運動がスタートした当初、里山は文字通り山、つまり丘陵地や山腹など傾斜地を意味したのであるが、その後この運動が発展する中で、里山の意味する範囲は平地林あるいは関東における谷津を含む全体にまで拡大された。しかし、二〇〇二年の現在、里山に続いて里地という言葉も発明され、現在では里山・里地管理運動として進展しつつある。

里山管理の基本は、歴史的に農民によって管理されてきた山林を農民に代わって市民がボランティア活動によって管理することである。しかし、その場合、山林からの経済的利益を復活させるわけではないから無償の行為とならざるを得ない。それに代わるものとして、自然と接する楽しみや労働の楽しさなど、精神的満足が与えられるわけである。作業の内容としては、過密化した樹林の間伐、消失した小径の復元、さらに自然の花木、果樹などの助勢、草本管理と称する美しい草の助勢などがある。伐採木の処理をかねてログハウスやベンチの作製、かまどを造成しての炭焼きなどがある。しかし、この方向をあまり積極的に行って里山を過度に公園化すると、自然保護運動との軋轢を生むことになる。

里山でのこのような活動は、市民個人が任意には行い得ないことで、組織的、永続的に行う必要があり、そのためのリーダーや自然保護の立場にあるメンバーの参加も欠かせない。荒れた山林といっても所有者や財産区の組合などがある。勝手に作業することは許されないのである。どの程度の作業をどの範囲で行うなどの交渉もリーダーの役割として欠かせない。最近ではこのような運動に対する理解も深まり、また運動体もＮＰＯ法人の資格をもつものが多くなったことから、それらの交渉がスムースに進む事例が多く見られるようになった。

水田を含む、いわゆる里地での市民活動も活発化しつつある。減反政策によって多くの放棄田が生じつつある現状はよく知られているが、里山と同様に水田の管理を市民の手で行おうというものである。里山管理と異なり、水田管理は年間にわたって定期の特殊作業を伴うもので、市民運動のみで行うことは不可能である。そこでいくつかの方法が編み出されている。

私の知る限り、最も古くかつ最も成功している事例のひとつは横浜市の舞岡公園である。ここでは、関東地方で一般的に見られる丘陵と水田が入り組んだ地形、谷戸（谷津）のひとつを横浜市が入手し、その管理を「舞岡公園田園・小谷戸の里管理運営委員会」という民間組織に委託したものである。この会では、年間の水田管理を中心に様々な活動を行っているが、その活動には誰でも自由に参加でき、スタッフ養成のための講座「舞岡公園谷戸学校」へも入学することができる。同会のパンフレットによる年間行事を示すと次のようである。

四月＝田おこし、苗づくり、種まき、草木染め、草もちづくり
五月＝田おこし、畦塗り、代かき、タケノコ料理教室、茶摘み
六月＝稲取り、田植え、畦・土手草刈り、梅干つくり、公園田植え、炭焼き
七月＝田の草取り、畦・土手草刈り、竹細工、古民家宿泊体験、粉挽き体験
八月＝田の草取り、畦草刈り、ネット掛け、わら細工、お手玉つくり
九月＝案山子祭り、水抜き、そば打ち、お月見会

谷津田の風景（横浜市・舞岡公園）

い、炭焼き

水田維持のもうひとつの方式はオーナー制である。これは、前に述べた棚田の保全と関係して行なわれる場合が多い。

棚田は山腹など傾斜地に階段状に営まれるもので、垂直面は石を積み上げたものが多い。収穫に比較して労働力が大きいため、真っ先に減反の対象とされることになる。数年も経過すると雑草に覆われ、さらに樹林化して石垣すら消滅してゆくのであるが、石垣は営々と築かれてきた何百年もの歴史をもつ、いわば文化財ともいうべきものであり、その美しい景観はわが国の農村風景を世界に比類ないものとしてきたことから、その消滅を惜しむ声も高まってきた。近年その保存運動も盛んとなり、全国的な組織も誕生している。

移築された農家（横浜市・舞岡公園）

私も静岡県下において、一九九九年に県による棚田十選の選定委員を担当したが、その後そのいくつかの保全に実際に関わってきた。先に述べたオーナー制はその中のひとつ、伊豆半島の西側に位置する松崎町石部地区での事例である。

この地区は山腹から海岸に至る急斜面に棚田が営まれ、海岸近くは温泉を利用した数十件の民宿があり、さらに海では漁業が営まれるという多角経営的な村落であるが、棚田の大部分は減反による雑草地化が進んでいた。そこが棚田十選に選ばれたことから、これを活用する意向が村民に高まり、熱心なまとめ役も存在したことからオーナー制の方向に進みはじめたのである。

その準備段階として、市民のボランティア団体「棚田くらぶ」による復田活動がある。雑草に覆われた田を米づくりの可能な状態に戻す作業が行われ、

市民の手で復田された棚田での田植え

その翌年には復田された田で会員による田植え、さらに秋の収穫も行われた。

このような活動は二〇〇二年まで三年間にわたって行われ、同年暮れからいよいよオーナー募集が行われることになった。このオーナー制とは、一区画一アール（一〇〇平方メートル）を二五、〇〇〇円で一年間貸し出し、田植え、稲刈りなど、いわゆるお楽しみ部分をオーナーによって行い、その間の雑草管理、水管理などを地域農民の手で行うというものである。

収穫の何割かはオーナーに与え、さらにこの地域では山草や海産物などのお土産も提供するというものである。オーナー制といっても実際はグリーンツーリズムに近いものであるが、成功した場合、棚田の保全は完全に行われるわけで、オーナー料三〇、〇〇〇円なにがしは環境保全のための寄付を含むということができる。募集を始めて二、三カ月の現在、すでに六〇区画が応募されるという盛況を見せている。


水田が生物学的にも豊富な場所であったことは先にも述べたが、水田生物の保全を主目的とした事例について述べることとする。

福井県敦賀市の郊外にある中池見《なかいけみ》地域は深田に覆われ、これらの田は冬も乾田化しないという特殊性があった。中池見が世間の注目を浴びるようになったのは、大阪ガス（株）がこの地域にＬＮＧ基地の建設を発表した一九九五年頃からで、買収によって耕作を放棄された水田に、埋蔵種子からと思われる草

放棄された水田（敦賀市中池見）

復元された農村環境（敦賀市中池見）

1963年

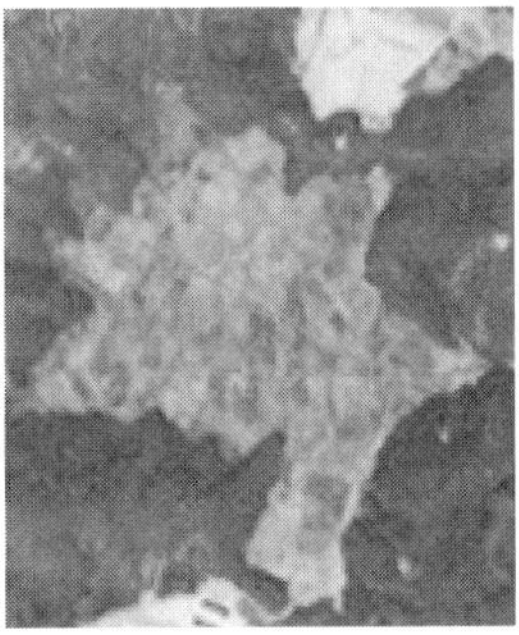

1975年

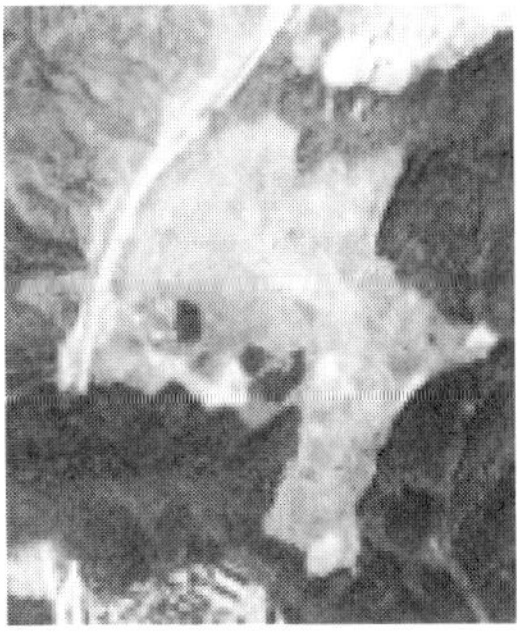

1995年

中池見の変遷

本類が大繁殖をはじめたからである。往時は田の草として除去の対象とされた草本類であるが、全国のほとんどの地域から除草剤などによって消滅したことから貴重種とされるようになったものを数多く含んでいた。そのため、それらの種の保護を訴える自然保護グループによる基地建設の反対運動が激しい勢いでなされることになった。大阪ガスでは、ＬＮＧ基地予定地の一部約九ヘクタールをこれら貴重種の保存エリアとして積極的な保護運動を行うことにした。この時点で私を委員長とする、保存エリアの管理委員会が設立されたのであるが、この委員会によって貴重種保存のための基本方針として打ち出されたのは、保存エリアにおいて従来の耕作に準じた作業を行うというものであった。それらの種は人間の営農作業に適応した生活様式を持つことによって、他の野生種に対して優位を保ってきたものと考えられたからである。保存エリア以外の予定地は、これに対して放置された状態に置かれ、その後の経過を保存エリアと比較されることになった。これが一九九七年のことであるが、三年後の二〇〇〇年までの経過は、委員会の予想の的中を証明するものであった。放置された部分での遷移はきわめて速く、大部分が弱小種である貴重草本は増殖拡大するヨシ原に埋没し、消滅する一方、保存エリアではそのすべてが存続することになった。このようなことからも、われわれ日本人にとって身近な自然である農村環境の生物は、単純に野生生物というのではなく、多くの野生生物の中から、農作業に適応することによって優位性を得た種が選択されたものであることが立証された。それらは人間との共存種と呼ぶべき種であるが、このような種を保存するためには、自然保護論者がよく口にする「自然に任せる」のではなく、それらの種にとって有利な条件、この場合は耕作に準じた環境の維持活動が欠かせないのである。

ドイツ・スイスの自然復元

自然環境復元の先進地がヨーロッパ、とりわけドイツ・スイスであることについては、これまでしばしば述べてきた。わが国での自然復元がスイスのチューリッヒ州河川局のクリスチャン・ゲルディ氏の招聘に端を発する河川の近自然工法の移入であったことについても触れた。それらの国々で実際どのような思想のもとにどのような事業がなされているかという点について、私の経験をもとに少々述べることにしたい。

私は一九九〇年以来三回、ドイツ・スイスでの自然復元に関する実情の視察をした。第一回目は紹介者もガイドもなしの全くの手探り視察であったが、第二回と三回は、私の所属する自然環境復元研究会（一九九九年、NPO法人自然環境復元協会と改組）や日本ビオトープ協会の主催によるガイド付きの視察団であった。いずれにしても一〇日内外の視察で、充分な知見が得られたわけではないが、彼地で行われている事業の一端を示すこととしたい。

第一回目のドイツ・スイスは一九九〇年のことで、私達が自然環境復元研究会を立ちあげた年に当っている。われわれはそれまでの国内での活動の帰結としてこの運動を立ち上げたのであって、海外ですでに同様の活動が何年も前から行われていたことを知らなかったのである。したがって、同年開かれた会主催のシンポジウムでメンバーの一人、勝野武彦氏によってドイツ・スイスにおける状況を紹介されたときには大変驚かされたものである。とりわけ、わが国と同様第二次大戦の敗戦国であり、これまたわが国と同様戦後の経済復興とその後の経済成長で著しい成果を上げてきたドイツが、一方では自然環境の復元にも意を用いてきたことは驚きであると同時に、環境に対する配慮もなく、ひたすら経済発展に邁進してきたわが国とひきくらべて、いささか恥ずかしくも思ったのである。

ともかく、わが国で遅まきながら同様の運動をはじめた以上、先進国の事情も把握しておかなければということで私は急遽ドイツ・スイス行きを決めたのであるが、全くツテひとつない状態で、ただ勝野氏の論文のみがたよりであった。それに従って、まず、ジュッセルドルフ市の南公園を目指したのである。一九九〇年八月末のことである。

道中つつがなくジュッセルドルフに到着し、駅の観光案内で紹介された安宿に荷物を置くと、早速街角で拾ったタクシーで南公園に赴いたのである。車は市街地を抜け郊外にさしかかったあたりで停車した。ドライバーが指したあたりにはマロニエの高木が立ち並び、その間を土の道が奥のほうに向かっていた。公園の入り口であるらしかった。

道をたどって一〇〇メートルほどいったところで広々した場所に出た。樹林の点在する見渡す限りの自然環境で、日比谷公園を最大とする小公園を見慣れた私には、最初未開発の郊外に出たと思われたのである。しかし、実はそれは全体で七〇ヘクタールを擁する南公園の一部であった。このような規模の公園が欧米の大都市には普通に、しかも多数見られるということはだんだんと分かってきたことである。南公園の場合、建設当初は郊外であったものが、市域の拡大とともに域内に取り込まれたものである。

勝野氏によれば、この公園はいくつかの要素からなり、それらは大まかに三つの地域に区分される。それは、①一八九三～一九一四年にかけてつくられた古い公園地区、②市民農園および市民農園を改修した地域、③砂利採取跡地に水を導いてつくった池を中心とした地域である。この他、運動場、遊園地、墓地なども見られたが、それらについては特別記すべきことはない。私が特に興味深く感じた地域から

デュッセルドルフ南公園

順次説明することにしよう。

砂利採取跡地に造成された人工池は六ヘクタールの面積をもち、大小二つに分けられ、二つの小島を配している。西側には緩やかな丘が築かれ、その外側にある高速道路の騒音を防いでいる。勝野氏の論文によれば、池は底を粘土によって固め、一部には防水シートも用いられているはずである。基礎工事が終わったのが六年前の一九八四年であるから、池もその周辺も程よく自然が戻り、知らずに眺めれば全く人工池とは気づかない状態になっていた。池をめぐる遊歩道が存在したが、岸辺からは充分距離をとってつくられている。道脇から二メートルほどの草地を残し、それに続く広い斜面も草やヤナギなどの潅木によって覆われている。斜面の下にもやっと人のとおれるほどの岸辺があり、底から緩やかに深まる水域がはじまるといった構造になっていた。この景観は全く自然であり、わが国の公園の池のように日本庭園を模した不自然さはない。池を縁どる雑草類には外来種も混じっているようであったが、それもまたこの土地の自然状態と考えてよいだろう。魚の姿も多少見えたが、野生のカモ類が多数見られ、水に浮かぶものより多くの鳥が歩道脇の芝地にうずくまって昼寝をする姿は、わが国では見ることのできないものであった。

池西方の丘陵は小さなボタ山風の円丘と、ゆるやかかに広がる不規則な形の丘陵地域からなっていた。円丘は雑草が生えるにまかせてあったが、盛夏であるにもかかわらず草丈は膝を越えるほどもなく、生え方もまばらであった。ドイツ・スイスなどで見る限り、この雑草の「おとなしさ」には驚かされた。

管理の点からはうらやましい限りで、わが国の公園がジャングル化する雑草との闘争に人手や予算の多くを割かなければならないのと大きな違いである。丘陵地帯のほうは林に覆われていたが、木々はまださほど大きくなってはいなかった。カシワ、カンバ、リンデン、ノイバラの類が見られたが、わが国の雑木林にくらべ種類数は多くない。この地域は数十年を経たのち、うっそうたる自然林を形成することだろう。

丘陵地を再び池側に下る緩斜面に〇・五ヘクタールほどの自然の草地があり、周囲を木柵で囲われていた。たんに放置されているだけの場所で、イネ科植物やアザミ類が生えていた。わが国でこのようなものをつくったら背丈を越える草のジャングルと化するであろうが、ここでは心地よい草原となっている。この斜面からは、池の北端より北に広がる一〇ヘクタールほどの平坦地が見渡せた。ここも牧草地といった趣の自然草原となっていたが、草の種類を管理しているようで花野の趣を呈していたる。先に「里山管理」の章で述べたように、風情ある草花の強勢をはかっているように思われた。この草地の左手は、ゆるやかに起伏する林地につらなっている。池の中央には野の小径といった感じの土の径が前方に続き、ポプラの立木を越えたあたりに大きな農家風の建物が見える。この景色は全体として、農村地帯の典型的な風景を演出しているようである。

小径をたどり、ポプラの林地を過ぎるあたりから周囲に畑地が見られるようになる。そこからは、農家周辺の環境が営まれているようであった。作物としてはホウレンソウ、キャベツ、レタスなどが見られた、いわゆる自然農法が行われているらしく、ふっくらとした土から堆肥のにおいが漏れていた。

大きな農家風建物は農家を移築したもののようであった。内部は農事博物館のようなものになっているらしかったが、あいにく閉ざされていた。それに隣接して木柵で囲まれた家畜飼育場があった。親子連れが多く来て山羊やロバに餌を与えたりしていた。その一角に派手な色彩を施した「蜜蜂の家」と記された小屋があり、下の方に並んだ小窓から無数のミツバチが出入りしていた。巣箱を集約的に設置した建物である派手な色彩は行楽客の目を楽しませるためかと思ったのだが、後にスイスの森の中でも同様な色を施された蜜蜂小屋を見た。建物の裏手には小さな農場があり、家内用の作物畑を模したものであろう。つるべ井戸なども見られたが、その一角に太い丸太を立て、その表面に多くの小孔を穿ったものがあった。明らかにドロバチ等の営巣を期待した装置である。

次に訪れた市民農園地域は、最初住宅地に迷い込んだかと思ったような場所であった。三メートル幅の土の道路が縦横に走り、その両側には整然とした生垣がつくられ、等間隔に区割りされた五〇坪ほどの場所には、木造の家が一つづつ建てられていた。住宅にしては敷地も狭く、家も小ぶりであったが、日本では立派に住宅地として通じるほどのものである。

辻々に立てられた掲示板などから、ようやくこれが市民農園、わが国でもその名が知られはじめた「クラインガルテン」であることを知ったのである。生垣は人の胸ほどの高さであるから、小径を散策しつつ敷地内を観察することができた。たいていの区画で小屋はいちばん奥まった部分に建てられ、入り口からそこに到る小径がしつらえられていた。多くは草花、花木、果樹などを配した庭園風に造作されていて、ドイツ的徹底さで完璧に管理されていた。後に役所で聞いた話によれば、各区画は行政により各家庭に貸与されており、管理不足の場合には貸与を停止されるとのことであった。区画によっては、家庭菜園風のものもあったが、自然環境復元行為としてみるべきものはなかった。おそらく、完全な自然状態は、ここでは管理不行き届きの例とされるであろう。自然環境復元の思想はヨーロッパでも比較的先端的なものであり、市民の生活の場にまで一般化されているとはいい難いということは、私も視察中に感じたことである。

さて、区画内に建てられた小屋であるが、よく見

デュッセルドルフ市のクラインガルテン（市民農園）

ると一〇坪程度の小さなもので、しかもその半分はベランダ風に半ば解放されているため、残りはキッチン兼食堂の一室に過ぎない。宿泊は禁じられているとのことである。簡素な木造で、いくつかのタイプに統合されているところから、行政によって建てられ貸与されるもののようである。折からバカンスの盛期であり、北国の花の盛期でもあることから、各区画は華やかな雰囲気に包まれ、訪れる人数も多かった。小屋のベランダ部分でジョッキを傾けている人々、庭造りに精を出す人々などを見かけた。わが国に市民農園あるいは貸農園と称するものはあるが、農地の一部で耕作の権利を与えられるに過ぎないものである。ドイツのクライガルデンは日本的感覚では別荘に近いものである。しかし、このジュッセルドルフの場合は最も豪華な一例であり、列車の窓から見た別の都市でのそれは、わが国の貸農園にやや近いものもあった。

一八九三〜一九一四年にかけてつくられた古い公園部分は、広場、広い道路、大木からなる林域などが組み合わせられた地域で、絵で描いたようなヨーロッパ式公園である。わが国の新宿御苑の一部などはこのようなものを模したものであろう。一部に墓地公園もあったが、多摩霊園を惹起させた。このようなタイプの総合的公園は、その後訪れたドイツの各都市で見られた。先に述べた砂利採取地跡の池周辺のようなビオトープ式公園は、ヨーロッパにおいても先駆的なものであることが知られる。

次に訪れたのは、ジュッセルドルフ市から約二〇〇キロメートル南方にあるカールスルーエ市であった。ジュッセルドルフ市が寒かったため風邪を引き、発熱して一日をベッドで過ごしたため、予定した場所の一部である森林公園しか見学できなかった。

この町は有名なシュワルツワルド（黒い森の意）に隣接し、森林公園もシュワルツワルドの一端に位置すると言ってよい。広大な森の中を縦横に走る散策路はいつ果てるとも知れないものであったが、この公園内で気づいた幾つかのことについて述べよう。第一は散策路の周辺に、抜き切りしたと思われる木の幹が積まれているのを各所で見たこと、林内の倒木がそのままの形で放置されていたことである。おそらく、腐朽にまかせることによって、キノコ類、昆虫類の増殖をはかっているのだと想像された。また林内にはいくつかの池があったが、その一つは厳重に立ち入りを禁止され、あまり見晴らしの良くない観察小屋から眺めた限りでは、蒼古の趣を呈する池の岸には水鳥の群れが遊んでいるのが見えた。聖域的なビオトープ（サンクチュアリー）の典型であろう。開放された池の周辺とは全く趣を異にするものであった。狭義の自然保護地域と人間と自然との共存地域が組み合わされていることに感銘を受けたものである。

翌日は列車で南下を続けスイス国境を越えた。チューリッヒに滞在し、その近くのいくつかの目当ての場所を訪れた。まず訪れたのはチューリッヒ工科大学のイェルヒェル分校である。郊外の市外電車駅で下車し、裏手の雑木林に覆われた斜面を登りつめるとそこはもう大学構内になっていて、広々とした草地のはるか彼方に校舎らしい建物が見えた。校門らしいものはなく、ただ入り口に案内板があって、大学構内がビオトープとされていることが記されていた。そこに〇・五ヘクタールほどの池があった。池のそばに立った私は、それが様々の写真などで見たビオトープの一典型であることに気がついた。要するに自然状態の池である。水草が茂り、倒木のようなものが浮き沈みしており、周囲を雑木林で囲まれている。二、三水鳥の姿も見られた。大学の前庭であることを考えれば驚くほど無造作である。現在の日本人にはかえってまねのできないことである。しかし、ヨーロッパの旧跡を訪れると、その執拗なまでの作意に圧倒されるのであるから、このような無作意はむしろ強力な理念によるものであろう。

そのことは、池のある窪地から大学校舎のある高みに登り、正面石段を目前にしたときさらに確信さ

チューリッヒ工科大学正面石段と建物。雑草による緑化

れた。石段は角石を無造作に積み上げたもので、一応中央は石段の呈をなしているが、周辺部は不規則に置かれた石のオブジェとでもいった按配だった。しかも石段の部分を含め、あらゆる石の狭間から雑草が伸び上がっているのだった。とうてい大学正面とは思えない状態である。石段を登りつめて、校舎群の前に立つと驚きはさらに増した。鉄筋コンクリート製の校舎の屋上のすべてが丈の高い草で覆われているではないか。屋上庭園ならぬ屋上草原である。校舎自体は決して古びていない近代建築であったから、それはかなり不調和な眺めであった。それにしても、この「非常識」とも思える行為を実行に移す勇気に感心させられた。後になって知ったことだが、屋根の草を生やすという行為は、ドイツにおいて一般民家で続々とはじめられているということである。そのための屋根の構造に関するノウハウも確立されているということだが、ゲルマン的執念というものの一端を知る思いだった。

この大学のもう一つの見所は、自然復元された陸橋である。大学の構内を貫いて高速道路があり、大学正面に向けて広い陸橋がかけられているのだが、さらにその上を土で埋め、そこに林がつくりだされているのである。そのことは予備知識として知っていたが、その部分がどこにあるかはなかなか分からなかった。しかしやっと探し当てることができた。先に説明した正面の石段と校舎群の中央を結ぶ道の一部がそれだった。横手に廻って切りとおしの下にある高速道路を見下ろすと、多数の車が通過しており、陸橋の下を出入りしているのが見えた。その陸橋の上は潅木で覆われている。ちょっとした林といった様子で、先ほど通過した際、足の下に道路があるとは全く気づかなかったのである。

翌日は市電でさらに先の駅で降り、新しい住宅団地の建設予定地を訪れた。造成された団地予定地は、雑草のまばらに生えた広大な裸地であったが、その外縁にそって造成された小川が、市の水道局によって行われた自然復元の実例である。もとは太いヒューム管によって地下にあった流れが、団地造成と同時に掘り起こされ、将来の団地住民が憩うための水辺として準備されつつあるのである。片側に団地造成の土が斜面をなし、反対側は住宅地になっている狭い場所であるが、なるほど幅二メートル足らずの清流が数百メートルの先まで続いているのが見られた。造成地斜面の下に小径があり、そこから雑草の茂る斜面を一〇メートルほど降りると水辺に立つことができる。掘り起こしてからすでに五年を経ているということであったが、セリその他の水辺植物や水中の藻の繁殖状態は自然の川と変わりないものであった。川幅は一律ではなく、瀬とよどみを繰り返すようにつくられ、水中の酸素を富裕化するために岩を組んでつくった落差部分も見られた。よく見ると、岸辺に散在するハンノキの若木にはまだ支えが施されており、この景観が人工的につくりだされたものであることのささやかな証明となっていた。小川の岸に立っていると子供時代に戻った気がしたが、スイスにまで来て子供時代を思い出すとは奇妙なことである。現在、わが国でこのような小川がいかに少なくなってしまっているかということである。

最後に再びドイツに戻り、今度はドイツ南東方のレーゲンスブルグ市を訪れ、レーゲンスブルグ大学構内を見学したのであるが、生物学棟の通路を歩いていると、ある研究室の壁にビオトープ造成中の写真を集めた掲示物が目についた。さっそくその研究室の扉を叩いたところ、ビオトープ造成を指導された教授にお会いすることができた。突然のことで最初けげんな顔をしておられた教授も、私が自分の大学で実験的なビオトープをつくっていることなどを話したところ、破顔一笑され、早速構内のビオトープへ案内してくださったのである。やはり実験的な小規模なもので、一五坪ほどの澄んだ小池を中心としたものである。空石積みの岸辺、浅瀬などを配したもので、岸辺にはガマが植えられ、水中にはカナダモと思われるものが揺らいでいた。周囲には丸太積み、小孔を穿ったドロバチ類のための営巣用の丸太などがあり、またミツバチの巣箱も設けられていた。ナチュラリストの考えることは同じようなもので、私の静岡大学のビオトープに新たにつけ加えるような装置はなかったが、同学の士にめぐり合えたことを大変うれしく感じたものである。

第二回目の視察は一九九二年、ようやく運動の方向性の定まった自然環境復元研究会と、同年設立された企業団体・日本ビオトープ協会の共催によるドイツを対象としたものであった。一七名の参加者があり、その内訳は二、三のいわゆる専門家、学者のほかは造園、建設などの企業に属する人々であった。この頃になると、わが国での自然復元の機運が急速に高まり、ビジネスとしての可能性も高まりつつあった。このような人々によって結成されたのが、前記の日本ビオトープ協会である。今回は旅行業者による本格的なツアーであり、ドイツでの訪問先や通訳などもすべて手配済みで、私も前回の心細さとは無縁であった。旅程はフランクフルトに到着後翌日カッセル市を見学し、ミュンヘン市に移動してからはここを拠点にバイエルン州内をめぐるというものであった。視察の内容は帰国後参加者による立派な報告書も出版されたので、詳細はそれに譲ることとして、私にとって印象深かったことのみを記すこととしたい。

今回の視察で私が強く意識させられたことは、環境保全の意識がドイツ社会の隅々にまで深く浸透しているということであり、自然環境の復元もそのひとつの柱として位置づけられているということであった。一般市民の意識も高く、ビオトープ見学の場で、そこに居合わせた住民、といっても田舎のお爺さんといった感じの人から、ビオトープの意義についてある程度論理的な説明を受けて感心させられるようなこともあった。自然復元以外のいわゆる省エネ、リサイクルの分野でもその論理性、徹底性に学ぶべき点が多かった。カッセル市ではドリス・ヘッ

自然保護区の標識

カー女史の案内でエコロジー団地を見学した。ここでは環境保全をテーマとした住宅設計が徹底した形で行われていた。

敷地内に入ってまず目を奪われたのは、道路に沿って建てられた住居のすべての屋根が青々と下草で覆われていることだった。一隅にあるガレージも例外ではなかったが、面白く思ったのは、その前面の軒に設けられた雨樋が太い竹でつくられていたことである。このような竹はヨーロッパには産しないことから、おそらく熱帯圏かあるいはことによったら日本から輸入されたものであろう。このように住宅の建材は極力工業製品を避け、おおむね木材で建てられている。わが国の団地のように鉄筋コンクリートの大建築ではなく、すべて平屋かせいぜい二階建てである。集合住宅としては木造二階建てを横に数軒に仕切ったものが見られた。この建物は省エネ要

自然共生住宅（ドイツ・カッセル市）

素として前面に広いサンルームがあり、冬の暖房費の節約が試みられていた。またリサイクルに関しては、建物の前に広がる菜園というより雑草地の一角に、刈り草を収容するコンポストが見られた。ひとつの建物とその敷地内で環境保全にかかわるすべての要素、つまり、省エネ、リサイクル、生物種の保護を達成しようというのである。

この団地は、ドイツ国内でも先進的な事例であると思われたのであるが、屋根の上に草地を造成することに関しては一般化しつつあるように思われた。バスで市街を通過する折に、何軒かの一般住宅の屋根に同様なものが見られた。壁面緑化についてもかなり一般的で、大都会のビルの壁面にも鉄製の枠が取り付けられ、蔓植物を育成させる試みがなされている。

蔓植物の野生種はヨーロッパではきわめて乏しく、用いられているのは大体において栽培種であるが、都市内のいたるところ見られるのは、蔓植物を多産するわが国でむしろ見苦しい植物として、時に積極的に除去されるのと対照的である。

カッセル市で次に訪れた市内の公園は広大なものであったが、その一隅にあった子供の遊び場で様々な興味ある遊具を目にした。その中で、とうていわが国の公園では許可されないと思われるものは、木材を組み合わせてつくった、一種のジャングルジムがあった。木材をゴム製ロープで束ねて組みあげた一〇数メートルの高さの巨大オブジェともいえるものである。きわめて粗雑な構造で、安全性に関する配慮はあまり感じられなかった。頂上付近から転落したらまず命はないと思われる代物であったが、驚いたことに多数の子供達がこれによじ登って遊んでいる。両親と思われる大人たちも下にいるが、それを止めるわけではない。このような道具はわが国の公園では絶対つくられないであろうし、つくられたとして子供が怪我をしたら訴訟沙汰になり、つくった側と管理者は間違えなく敗訴するであろう。

しかし考えてみれば、私などの年配の子供時代には、近くの山の中などでこの程度の危険は経験していた。それが子供達にとって貴重な体験であったのである。カッセル市民がどのような考えのもとに、このような危険物を容認しているのか分からなかったが、おそらく体験の重要性を優先し、自己責任を当然のこととしているのであろう。過剰な保護と些細な事故でも行政への責任転化が常態となっているわが国で、子供達がひ弱になっていくことをどのようにして食い止めることができるのだろうか、とや

犬を連れてこないなどの禁止行為を示すボード

や暗然とした気分になったものである。

ミュンヘン市に移動してホテルを定めてから、バイエルン州内のいくつかの場所を視察したのであるが、ミュンヘン近郊のマグファル川の河川改修の現場は、当時のわが国では全く例のない大規模なものとして深い感銘を受けたものである。

この川は幅三〇メートルほどの中級河川であるが、産業革命時より一九七〇年まで、木材運搬の便宜のため直線的に改修されていた。すなわち、木材運搬用の構造として多段式のコンクリート堰によって等間隔に仕切り、流速を減少させるとともに水深の確保を施していた。これは河川を上下する魚にとっては大きな妨げであったが、最近交通手段の変化によってこの水運が不要となったことから、自然河川への復元事業が行われることになったのである。上記のコンクリート堰を完全に撤去し、多量の巨石を用いてゆるやかな段差を不規則に設け、また川岸にも石を積んで緩傾斜とするとともに、これら巨石の隙間に生物の隠れ家を与えたのである。

この川の説明に当ったのは河川局の担当官であったが、川岸で長時間熱弁を振るわれたその態度は、この川に対する情熱がほとばしるものであった。わが国の同じ立場の役人が次々と現場を交代するのに対して、ドイツでは相当長期にわたり、主体的にかつ具体的に工事に関与することができるということであるが、そのことによって、担当者はいわば自分自身の作品として河川工事をおこなうことができるのであろう。

第三回目の視察は第二回から約一〇年を経た二〇〇一年である。その間、同じ団体による二回の視察があったのだが、私は参加しなかった。

この間の一〇年という歳月は、わが国の自然環境復元に大きな進展をもたらせていた。思想的深まりと一般化、市民によるビオトープづくりの活況に加えて、建設省（現国土交通省）、農林省などをはじめとするいくつかの省庁がこの方向での努力を開始したことによって、多様で大規模な事例が見られるようになったのである。したがって、第一回目にはただ驚くのみ、第二回目にもただ受身に徹した視察であったのに対して、第三回目にはそれほど驚くこともなく、かなり批判的な態度で見学し、また説明も聞くことができた。これは私だけでなく、参加者の全員にとっても同様である。日本人もその気になれば短期間に欧米に追いつくことができるということの一例である。今回は河川とダムの見学を主体としたもので、スイスのチューリッヒ州内各所を視察後ドイツ・バイエルン州に移り、ここでもいくつかの場所を視察した。

先に述べた二団体によるドイツ・スイス方面への視察はこれが四回目にあたり、視察地も重複するものが多くなっていた。つまり、スイスではチューリッヒ州、ドイツではバイエルン州での事例である。説明をされる学者、行政の方々の顔ぶれもやや定まってきた。また、それらの人々が来日され、逆に日本での事例を見学され、われわれの仲間とディスカッションを行うなどのこともあった。つまり、自然環境の復元に関して、ドイツ・スイス・日本の連携が成立していたのである。最初の頃、ヨーロッパ全土で普通に行われていると考えられていた自然復元の事例も、決してそうではなく、われわれが繰り返し見学したチューリッヒ州やバイエルン州はヨーロッパでの自然復元の中心地、いわば自然復元のメッカであること、わが国の状況も決してそれほど遅れをとっているわけではないということも判ってきた。

この度もスイスでお会いしたチューリッヒ州河川局のクリスチャン・ゲルディ氏は、別の章でも述べたように、わが国の自然復元運動のきっかけをつくった方である。同州の視察では、氏が最初に自然復元を試みた小川など、この分野での古典的事例ともいうべきものを見学したのである。

近自然河川工法発祥の地、ネフバッハ川
（スイス・チューリッヒ州）

今回の視察で強く印象づけられたいくつかのことについて述べることにしたい。

第一回目に私的で訪れたチューリッヒ工科大学イェルヒェル分校を、今回はからずも再度訪れることになった。感銘を受けたことは、全校挙げての自然との共存環境づくりが、一〇年の後も変わることなく続けられていたことである。最初の時驚かされた校舎の上の草原も全く変わることなく存在していた。一〇年間に校舎の古びと草木の成長とが調和し、共存の雰囲気がますます深まっているのが感じられた。当時私も静岡大学の構内に小さなビオトープを造成していたのであるが、二〇〇一年私の退官とともに放棄され、荒廃に向かいつつあるということも考え合わせ、その強固な継続性に畏敬の念を覚えたのである。

チューリッヒ州内の河川で興味深かったのは、テス川という中級河川の河道の復旧、つまり直線化した河

テス川の近自然的落差工（スイス・チューリッヒ州）

道を元の曲線に戻すという事例であった。一方、復旧した川の岸に多くの水制を設置して水流に変化を与え、そのことによって淵と瀬などを形成させるという工法も見ることができた。水制は自然石を積み上げたものである。さらに大規模な水制をトゥール川においても見ることができた。この川はわが国の一級河川に相当する規模のもので水制も大きなものであった。ここでの水制は、湾曲した流れの水衝部にいくつか平行に設けられ、当初は土で覆われていたものが半分ほど露出したところで落ち着いたのである。流れをコンクリート堰など完全に制するのではなく、「川によって川をつくらせる」思想の具体的な事例である。

チューリッヒ州での視察を終えた後、われわれ一行はバスでドイツのミュンヘン市に向かったのであるが、国境にあたるボーデン湖をフェリーで渡り、対岸のランゲンアルゲンの町にあるボーデン湖研究所に立ち寄った。そこの所員であるシースエッカー氏からレクチャーを受けた後湖岸に赴き、近自然工法による大規模な湖岸の復元試行現場を見学した。また大規模なアシ原の復元地も見学したが、このようなものはわが国の琵琶湖などの湖岸再生に応用されるであろう。

次に立ち寄ったのは、アルプスの山麓に位置するガルミッシュ・パルテンキルヘンという小さな町であった。ここで私ははじめて、ドイツにもわが国の山地の渓流に近いものがあることを知った。降水量によっては氾濫も生ずるとのことで、下流の町を護るための工法の現場説明を当地の河川事務所のライトバウアー技師から受けた。巨石を用いたランプ工法により水流を和らげ、下方の拡張した河川敷でさらに緩やかなものとするとのことであった。さらに山中の急傾斜地に案内され、土石流後の改修工事を見学した。大量の巨石によって谷を埋め尽くしたものである。遠方から運んできたものであるが、それでもコンクリート堰より安価であったとのことであった。

ミュンヘン市に着いた一行は、翌日すでに顔なじみのユルギング博士の案内で近郊のイサール川の見学に赴いた。やはり一級河川であるが、その一部で一切の河川制御を停止し、周囲の山林を侵食に任せるという放胆な試みがなされている場所があり、これには驚かされた。そこに展開された光景は、削られた土砂と根こそぎになった樹木が重なりあって中州を形成するという原始そのものの姿であった。「川によって川をつくる」思想の極限の状況を見ることができたのである。

ボーデン湖の復元された湖岸（ドイツ・ヴェルテンベルグ州）

カルトバッサーライネ川の巨石による砂防工事
（ドイツ・バイエルン州）

ミュンヘン近郊のイサール川。森林を川の浸食にまかせている。

最後の行程はミュンヘンの北西に位置するアンスバッハ市であった。ここではアルトミュール川の蛇行復元の現場をカイザー博士に、またアルトミュール湖中の広大なビオトープである「鳥の島」の見学を湖沼管理事務所のトレーゲル氏によって案内され説明を受けた。

アルトミュール川は、広いすり鉢状の盆地の底部を流れる小河川であるが、過去に直線化されていたものを再蛇行させるとともに、川の一部を分岐し、再合流させることによって生じた一種の島に、自然の聖域部分を設けたのである。ここで興味深かったのは、この島で野生のビーバーの繁殖が試みられていることであった。ビーバーは大型の動物で大木の根元をかじって倒す習性がある。聖域部分のポプラの大木も被害を受けて枯れ死したものも見られた。しかし、それも自然の営みの一環であるから、あえて対策を講ずること

アルトミュール湖野鳥保護区（ドイツ・バイエルン州）

はしないということであった。農作物にも相当な被害を与えるということであり、わが国ではとうてい容認されないことであろう。

アルトミュール湖は広大なダム湖であるが、その約三分の一を占める部分に、連鎖する小島によって囲まれた湿地を造成し、水鳥の聖域をつくりだしたものである。おそらく世界最大の造成ビオトープといってよいであろう。この造成を主導されたビンダー博士にはミュンヘン市でお会いしていた。

この巨大な人工湿地の一部は観光用に解放されていて、われわれもその部分を一巡したのであるが、この小部分さえ一巡するのに三〇分ほどを要したのである。展望台から見た聖域の全体部分はまさに見渡す限りといった広大さである。

このようなドイツ・スイスにおける自然環境の状況を前方に見据えて、現在わが国の自然復元も急速に進展しつつあり、事例の量としては接近しつつあるといってよい。しかし、その思想の厳格さ、事例の継続性に関しては遠く及ばないのが現状である。一方、工事の内容については気候風土の違い、とりわけわが国では台風の存在による河川工事の特殊性もあり、わが国に適した工法の確立が必要とされるであろう。ビオトープの維持管理についても同様である。ビオトープは造成後、原則として人間の手を加えないというのがドイツ・スイスでの原則であるが、現地での状況に接すると、気候的条件から雑草の生育がきわめて遅く、五年間放置した草地でも草丈は膝丈ほどにすぎなかった。一夏で雑草が人の背丈を越えジャングル化するわが国では、少なくとも草刈りは欠かせないであろう。そのような相異は多々存在するにしても、わが国の自然復元を進めるにあたって、今後ドイツ・スイスの当事者達との連繋は欠かせないであろう。

ビオガーデン・屋上緑化

自然復元の思想が一般化するにつれ、また、一般市民の自然志向が高まるにつれ、従来栽培種、外来種のみで占められていた公園緑地や住宅地の庭に野生種、在来種の植物が導入されるようになってきた。ある比率でそれらがビオトープ化してきたといってよい。ビオトープの語には「野生生物の生活環境」という意味はあるものの、純粋に野生種のみによって占められる環境という限定があるわけではなく、自然要素の比率がある程度に達した場合、それらをビオトープと呼べないわけではない。少なくとも次第にビオトープに接近していくことが考えられるのである。このような一般市民の自然志向は注目されてよい。自然環境の復元の意義は野生生物の保護・保全だけにあるのではなく、人間にとっても自然環境が必要不可欠であること、人間社会の中にも自然を導入し、共存を図っていくことがいわゆる地球環境の危機の解決のために必要であるからである、さらに、このような場所、とりわけ住宅地の庭の面積の総計が馬鹿にならない量であるという認識もある。東京、大阪などの大都市では、その面積は少なくとも数十平方キロメートルに達するであろう。

住宅地の庭とは別に、都市のビルの屋上の面積も総体としては広大なものとなる。東京都内のビル屋上の総面積は品川区に匹敵するともいわれている。最近、自然復元とは別な見地からこの屋上の緑化が注目を集めている。それは年々進行しつつあるヒートアイランド化の解決策として東京都が打ち出したものである。今のところ、緑の内容については特に方向性は打ち出されていないようであるが、野生種の導入が実施されるならば、都市内の自然として重要な位置を占めることになる。

このような都市内の大小無数の庭園あるいは屋上には、自然要素をできるだけ拡大してゆくことをめざして提案したのがビオガーデンである。その意味するところは、ビオトープ的要素をもった庭園ということである。ドイツ語であるならばビオガルテンとすべきであろうが、ガルテンの語は一般にはなじみがなく、一方英語でのバイオガーデンとしたならば、バイオがわが国ではバイオテクノロジーの略語となっているために適当でない。そこで独英のキメラ的造語となったわけであるが、キンダーガーデンなどの用語例もあり、さらに自然復元関係の雑誌にビオシティなどの名もあることから許容範囲であろうかと考えたのである。

ビオガーデンの第一の目標は住宅地の庭である。ゆとりある生活がある程度現実のものとなった昨今、各家庭での庭づくり、つまりガーデニングは盛況にある。ガーデニングでの主導権を握るのはおおむね主婦である。その主婦らに好まれるのが主に見栄えのする園芸種であり、一般的に何の変哲もない自然にある草木には女性は興味が薄いようである。時には嫌悪感を抱くといったら女権論者から叱られるかもしれないので、男女を問わず一般市民ということにしておこう。しかし一方では、従来の園芸種のみではあきたらない、差別化の意向と自然志向も強まりつつあるというのが現在の状況である。

私はビオガーデンの提唱者として、モデル的ビオガーデンの造成を行いたいと考えていたが、おりよく静岡県三島市の住宅地の一角に約四〇〇平方メートルほどの土地を取得し、ここに家を建てることになったのである。一隅に寄せて住居を建てたことで、その周囲にL状の空き地が約二四〇平方メートル生じた。この場所にビオガーデンの造成が可能になったのである。当初その全体を一律のビオガーデン、つまり園芸種と野生種の混在するものとする予定であったが、両要素を比較することも有益であると考え、L字状の土地の各一辺の約一二〇平方メートルをそれぞれビオトープと園芸植物園に区別し、両要素を併せてビオガーデンとしたのである。それらについて述べることにする。

ビオトープ部分は、長方形の約八〇平方メートルの中央にひょうたん形の池を造成した。漏水防止のため一・二ミリの厚さのビニールシートを接着したものを用いた。渇水時に備え、中央部には桝状の掘り込みを行った。シートの上には一〇センチメートルほどの覆土を施し、両端の浅水域には砕いた石炭石を敷き多孔性を確保した。岸はヤシの繊維を円筒形の籠に積めたベストマンロールで護岸を施し、さらに小枝を束ねたソダ柵を施した部分もある。池の水は建物の屋根より雨水を導いて補給することにした。池の水草として、スイレン一鉢、ホソイ、サンカクイなどを植栽した。池の周囲の一部は盛り土に

庭に造成したビオトープ池（静岡県三島市の筆者自宅）

よる高みの部分を造成し、変化をもたせた。また割り竹による垣根状のものをいくつかつくった。これは蔓植物の支持と、割竹の凹部を上にした小鳥の餌台を兼ねたものである。樹木としてはコナラ、スオウ、サンショウ、サンシュウ、ヤナギ、シンジュ、ヒメシャラ、クロガネモチなどを植えた。

このような基礎的造成を行い、後は適当に除草などするほかは放置した。二〇〇二年の現在、約七年目を迎えるわけであるが、この間の生物相の豊富化は劇的なものともいえるものがあった。池に関しては、植栽したもののほかに覆土した土からのものと思われるオモダカが生じ、外来種と思われるタヌキモの一種が大繁殖した。周辺の樹木に関してもクス、エノキ、アカメガシワ、ヤツデ、サクラなどが生じ、エノキなどはたちまち軒を越す高さに成長した。これらは小鳥類の糞に種子が混ざっていたものであろう。ちなみに小鳥類の来訪は頻繁で、種類も一三種を超えた。スズメ、ムクドリ、ヒヨドリ、メジロ、ジョウビタキなどは常に見られるものであるが、意外なものとして、コサギ、カワセミが訪れたこともある。カワセミは池に放ったメダカを捕食していた。特筆すべきは迷鳥であるヤツガシラが一度来たことである。県下では珍種に属するものである。

草本類に関してはほとんど自然に生えたものであり、現在五〇種以上を数える。やはり外来種が多い。セイダカアワダチソウ、アメリカセンダングサ、アレチノギク、ヒメジョンなどは、放置すると他の草本を圧迫するため除去している。在来種でもススキ、カラスノエンドウなども繁茂しすぎないようにしている。

7年後　　　　　　　　5年後

園芸植物園の造成（筆者自宅）

一方園芸植物園、いわゆるガーデニングを施した部分であるが、ここにはいくつかの花壇を設け、ハーブ類を中心とした栽培を行っている。ただし、この部分にも毎年侵入する草本類は多く、除草の労力は同面積のビオトープ部分の一〇倍はするであろう。ただし、これらの中でも花の美しいもの、たとえばネジバナ、ビロードモウズイカ、ムラサキサギゴケ、タツナミソウ、ニワゼキショウ、ツルギキョウなどは除去せずに花を楽しむことにしている。

このように、野生種のためのビオトープ部分と園芸種による花園部分とに分けて観察してみると、昆虫類、鳥類などの来訪は種類と個体数の両面において甲乙つけがたく、また差異もあるため加算的効果もあることが分かった。たとえば鳥類に関しては、ホオジロ、メジロ、ヒヨドリ、カワセミ、コサギなどはビオトープ部分に飛来が限られ、ムクドリ、カワラヒワはもっぱら花園の部分で活動し、キジバト、ジョウビタキなどはいずれの部分でも見られるといった按配である。

昆虫類はむしろ花園部分の方が多く、それは訪花し吸蜜するものが多いからである。チョウの仲間では、ナミアゲハ、クロアゲハ、アカタテハ、キタテハ、ヒメアカタテハなどである。ツマグロヒョウモン、ヤマトシジミが多いのは、それぞれ食草であるスミレ類のパンジーやカタバミが多く、それらから発生しているようである。一方、ビオトープ部分の樹間ではクロコノマチョウなど珍種がみられた。狩猟蜂、花蜂類も花園部分に多く見られ、キオビツチバチなどは花壇の土の中に住むコガネムシの幼虫に産卵するものと思われる。南方系のセナガアナバチ、近年分布を北に広げたツマアカベッコウなどの珍

ビオガーデンで確認した昆虫（1996～2002年）

種	場所	園芸植物園	ビオトープ
チョウ類	アゲハチョウ	○	○
	クロアゲハ		○
	アオスジアゲハ	○	
	キアゲハ	○	
	モンシロチョウ	○	
	キチョウ	○	
	ベニシジミ		○
	ヤマトシジミ	○	
	ムラサキシジミ	○	○
	ツマグロヒョウモン	○	
	キタテハ	○	
	アカタテハ	○	○
	テングチョウ	○	
	ヒメアカタテハ	○	
	イチモンジセセリ	○	
トンボ類	クロスジギンヤンマ		○
	オニヤンマ		○
	アキアカネ	○	○
	ショウジョウトンボ		○
	オオシオカラトンボ		○
セミ類	クマゼミ		○
	アブラゼミ		○
	ミンミンゼミ		○
	ツクツクボウシ		○
甲虫類	クロウリハムシ	○	○
	アカハナカミキリ	○	
	クロカナブン		○
ハチ類	カブラハバチ	○	
	コンボウヤセバチ		○
	クロバネヨツバセイボウ	○	
	オオモンツチバチ	○	
	オキビツチバチ	○	
	ツマアカベッコウ	○	
	シロアカドロバチ	○	
	オオフタオビドロバチ	○	○
	フタモンアシナガバチ	○	○
	コガタスズメバチ	○	
	ヒメスズメバチ		○
	トビイロケアリ	○	○
	クロオオアリ	○	○
	クロヤマアリ	○	○
	クマバチ	○	
	オオハキリバチ	○	
	チビハキリバチ		○
	コマルハナバチ	○	
	ミツバチ（洋種）	○	
バッタ類	ショウリョウバッタ	○	
	オンブバッタ	○	
	アオマツムシ		○
	エンマコオロギ	○	○
	オカメコオロギ		○
	ナミカマキリ		○
	ハラビロカマキリ		○

種も見られる。

私の庭のビオガーデン以外の要素として、屋上緑化を施したガレージがある。そのことを含めて屋上緑化全般について述べることにする。

都市に林立するビルは、一木一草も存在しない無機的環境であることから蓄熱量が大きく、都市の温暖化の原因のひとつになっている。そのためビル屋上の緑化が進められようとしている。

屋上緑化の歴史的な事例は、わが国で「芝棟《しばむね》」として古くから存在していた。大きな農家の藁屋根の頂上、つまり棟に土を入れる構造があり、そこに球根植物あるいはイワヒバなどを生じさせたものである。しかし、最近の屋上緑化のモデルは、自然復元の一環としてドイツ・スイスで行われたものに範を得たものである。前に述べたように、私の第二回のドイツ・スイス視察

伝統的屋上緑化「芝棟」(岩手県・遠野市)

の際、スイス・チューリッヒ州立工科大学イェルヒェル分校屋上で大規模な草地造成を見、またドイツ・カッセル市の住宅団地で木造家屋の屋上を雑草で緑化した事例にも接した。このような屋上緑化は、北部ヨーロッパでは冬の保温のため千年以上昔から営まれてきたものであるといわれている。

その後、私自身静岡大学のビオトープのログハウス上の緑化、自宅のガレージ上の緑化などを試み、またいくつかの国内の事例も見学した。まずそれらについて述べることにしよう。

大学のビオトープ内のログハウスは底面六畳ほどのもので、屋根は傾斜四五度ほどの切妻である。ドイツの屋上緑化のテキストには、傾斜は三〇度以下が望ましいとあるが、あえてそのまま実行したのである。その順序としては、まず、屋根板の上に一・二ミリの厚さのビニールシートで防水を施し、その上に木枠、ハニカムなどで土止めをし、下層として水はけのよいパーライトを二センチメートルの厚さで敷き、五センチメートルの厚さで覆土した。植生としては、付近の雑草を適当に植えた。

その後の経過は順調で、まもなく屋根は雑草群落で覆われ、三、四年後にはイバラなど木本も生ずるようになった。棟の部分に潅水のためのパイプを設置したのであるが、あまり使用しなかったため、夏の日照りに際して雑草の大半が枯死したが降雨とともに復活し、むしろ適当な除草効果があった。次第に乾燥に強い種が優先したようである。しかし、一〇年を経過する頃から次第に覆土のずれが生じはじめた。土留めの木枠が腐朽したためである。そこで、二〇〇一年には改修が行われることになった。

私が直接関わったもうひとつの事例は、先に述べた自宅の庭のガレージである。これは小トンネルの鉄骨を利用したカマボコ形のものである。鉄骨構造の上半分を板を曲げたもので覆い屋根とした。その上をビニールシートで防水し、全面に板で小区画をつくり土留めとし覆土したものである。その後の経過は順調であり、現在も様々の雑草で覆われている。大学の場合と同様、潅水装置はあるが使用せず、雑草の勢力を抑えている。このため、メキシコマンネングサのように乾燥に強いものが優勢となりつつある。

以上が私自身が直接関わった屋上のささやかな事例であるが、私が見学した二、三の事例を紹介することにする。

大阪市天王寺に一九九三年に竣工した「大阪ガス実験集合住宅NEXT21」は、建築面積約九〇〇平方メートル、地上六階地下一階のマンショ

ガレージの屋上緑化（土留め工事中）

7年後の様子（上下とも筆者自宅）

ンであるが、その名の示すように、二一世紀の環境共生住宅のモデルとして、省エネ・リサイクル、野生生物との共存に関する様々な実験を行う目的で建設されたものである。居住者は大阪ガスの社員で、共生住宅の人間要素として参加することになった。

この建物の多面的要素の中で、緑化部分について述べることとする。この建物には屋上のみではなく、各階に広い通路兼ベランダ部分があり、そこにも植生が行われ、建物全体が緑で覆われている。ここで用いられた土は、一階で現地の掘削土と真砂土の混合土、上の階では人工土壌が用いられた。移植された植物は約一四〇種ほどである。屋上に植栽された樹種はキリ、カラスザンショウ、コナラ、クス、コブシ、ヤマボウシ、モチノキ、ヤマザクラ、ソヨゴなどである。それらは、全般的に順調に生育したが、特にキリ、トウネズミモチの生長が著しかった。その理由として、屋上

NEXT 21 の屋上緑化（大阪市・天王寺）

での人工土壌の層が六〇センチメートルと厚いこと、その保水力が優れていること、風通しがよく建物からの輻射熱が緩和されたことなどが挙げられる。人工土壌中のササラダニ、トビムシ等の土壌動物相も豊富で、一平方メートルあたり約一八万個体もの土壌生物が生息していた。昆虫類では土壌中から多くのクマゼミが発生し、コウロギ類の定着も確認された。チョウ類は一七種が見られたが、全体で発生が確認されたのはイチモンジセセリ、アオスジアゲハ、ナミアゲハ、モンシロチョウ、ヤマトシジミの五種である。他の種類は花に吸蜜のため訪れたものである。

小鳥類では二二種が見られたが、この中でここの敷地内で営巣したのはキジバト、ドバト、ヒヨドリ、メジロの四種である(以上、大阪ガス・NEXT21動植物報告書による)。

NEXT21は大阪市の中心にあり、周囲はビルの林立する全くの都市的環境である。その

NEXT 21のマンション全面緑化
(大阪市・天王寺)

ような場所でも緑化することによって、自然地域に優るとも劣ることのない野生種の集積を行うことができるのである。

これは成功例といえるであろうが、私が接した屋上緑化の事例で、思いがけない事態が生じたものがある。関東圏のある公園のビジターセンターの事例である。この建物は一階建てであるが、頑丈な鉄筋コンクリートで、その屋上の全面に一〇センチメートル以上の土を載せ、雑草が自然に生ずるに任せたものである。私はその雑草の発生状況と遷移の状況を調査することになったのである。建物の周囲は高木の樹林で、したがって屋上は日当りが良くない条件下にあった。

雑草は一年目から旺盛に発育し、二年目には枯れ草による腐植も相当量発生したのであるが、この腐植に無数のヤスデが発生し、下の部屋まで群をなして侵入する事態が生じた。それは、上記の自然条件下で腐植の水分が保たれ、ヤスデの発生に適した状態となったためである。当然来訪者の不評を買い、屋上の改修が行われる結果となった。

その後、屋上ビオトープの事例が増加する中で様々な問題点が明らかとなった。現在では腐食を含んだ、いわゆる壌土を屋上に施すことは禁止事項とされるようになった。

屋上ビオトープで留意すべき点として、防水処理、重量の軽減、水路の目詰まり、潅水の方法などがある。

防水処理に関しては、植物の根による貫通に配慮して相当厳重にする必要がある。ビルの屋上の場合、コンクリート床の上にアスファルト層、その上に繊維強化プラスチックなどを用いて防水し、さらにその上に発泡スチロールの透水層、防根シートを施すのがよいとされる。土としては軽量の人工土にピートモスを混ぜたものを用い、厚さとしては普通三〇～四〇センチメートルが適当である。

東京農業大学の牧恒雄教授は、校舎ビルの屋上に以上のような構造をもつ植栽地を造成し、野生種、栽培種を含め数十種の植物を生育させている。潅水は、地中に埋設した多孔質給水パイプやスプリンクーフーで行っているが、このビオトープの最

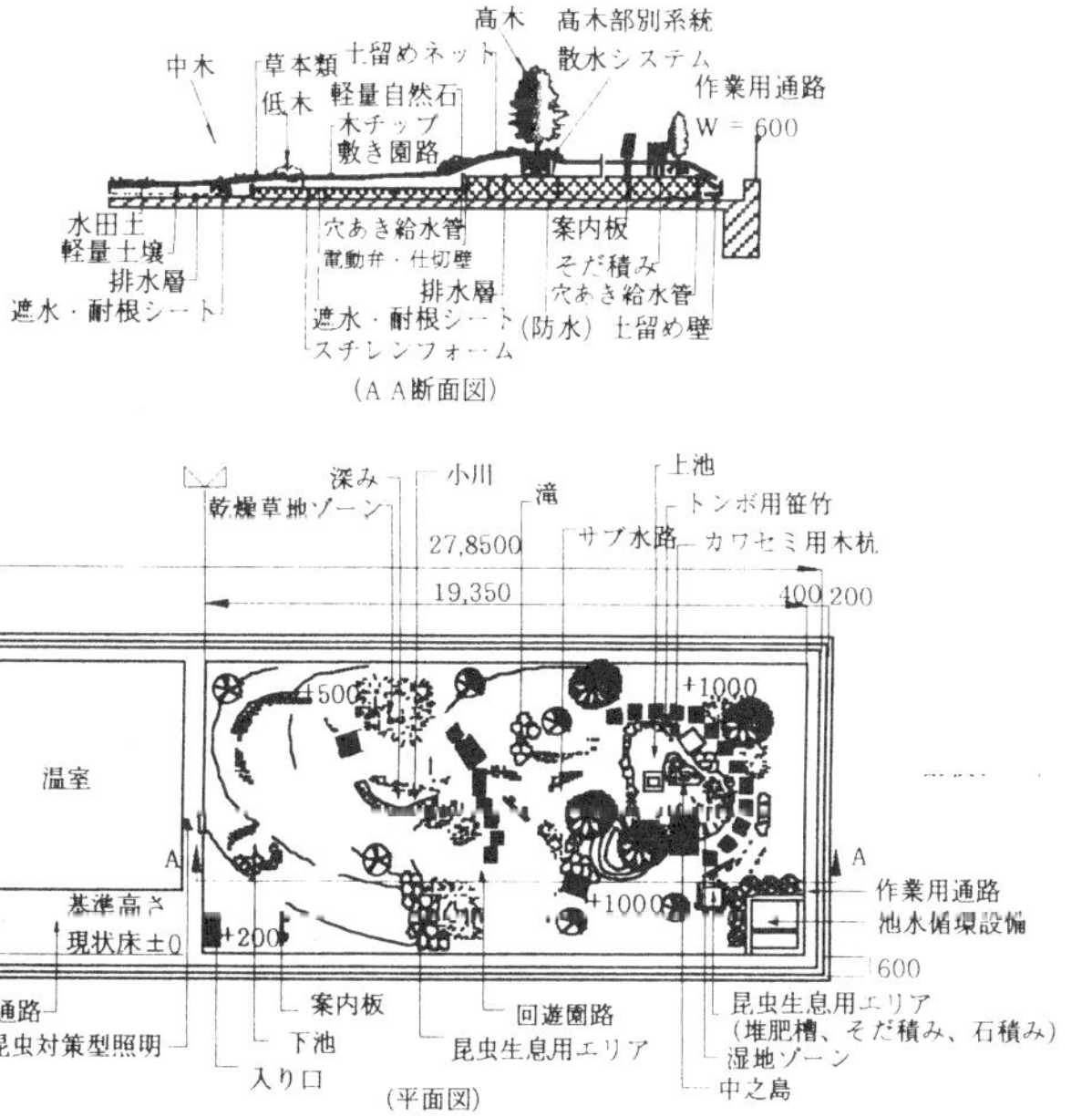

屋上ビオトープ基本計画図
(橘　大介(清水建設)ら：自然復元協会第3回研究発表会講演資料、2001)

大の特徴は、水と養分の供給を制限することによって植物量を最小限とする、つまり矮小化させるということである。自然派は反撥を覚えることかもしれないが、本来なら濃密なブッシュを形成する雑草類が、ちまちまとした姿で多種共存する光景はなかなか雅致に富んだものである。平地植物の高山植物化とでもいえようか。花の大きさは普通と変わらず、過剰な腐植の生産を抑える意味でも意義ある試みと思われたのである。

屋上緑化の温度効果については、事例がわずかであることから、ヒートアイランドのような規模での効果は今のところ確認されていない。しかし、建物内部では最上階の冷暖房負荷がピーク時に約一六パーセント削減されるとの試算や、アスファルト表面の温度が五〇度に達する条件下で、緑化することで草地の表面が二一度にとどまるとの報告がある。また、樹木の蒸散による温度低下で、気温四〇度に対して樹間から流

屋上ビオトープ竣工イメージ図（同）

屋上緑化の効用（中野裕司：2001）

区分		効用
直接的効用 （より物質的 ・個別的）	室内 環境	物の断熱効果を高め、省エネルギーに役立つ（最上階のみ） • 夏期の冷房節減 • 冬期の暖房費の節減 快適な室内環境を形成 • 日光の直射・照返しによる室内の焼け込み軽減 プライバシーの確保 • 遮蔽・隠蔽効果 建物保護の問題 • 乾湿繰返し、温度変化を軽減させコンクリート駆体を保護 • 紫外線を遮断し、防水層を保護 • 防風
	都市 環境	降水貯留 ヒートアイランド現象の緩和 （水分を蒸発散することにより気温上昇を防ぐ） 花粉など健康阻害物質の吸着・保持
	地球 環境	大気汚染物質の吸着・分解 二酸化炭素（CO_2）を固定・削減し、地球の温暖化防止
間接的効用 （より精神的 ・総合的）		都市環境の不快さを軽減・緩和 • 都市型洪水の軽減 • 火災延焼の防止 • 騒音防止 • 都市景観・美観の改善　町並・外観の向上 都市生活環境の向上 • 生活空間のアメニティ向上 • コミュニティ空間の整備
		都市生態系の保全・創出（生き物に優しい空間造り・エコアップ） • ビオトープ・ビオガーデン（生き物の生息域を提供）
		季節感の回復（潤い・ゆとり） 屋上ガーデン・屋上菜園による栽培（観賞・収穫） 緑による医療・教育効果 （園芸療法的行動療法と精神的医療的側面を持つ） • 潤い、安らぎによるストレス解消 • 情操教育・体験的総合教育 （五感・六感を使った体験を元にした学習効果）

（富士常葉大学附属環境防災研究所，13年度専門講座資料より）

れる風の温度が二〇度台にとどまるというデータもある。大都市の屋上緑化が一般化したならば、ヒートアイランドの緩和にも目に見える効果があることが予想される。

屋上緑化は現在わが国では緒についた段階で、試行錯誤の状況にあると考えてよいであろう。植物の旺盛な生長力、不快生物の多いことなどから、ドイツ・スイスでの事例をそのまま採用することが困難な面も多く、独自のノウハウを開発してゆくほかはないであろう。現在ヒートアイランドの緩和など、人間社会での利益のために考慮されている面が多いのであるが、緑の内容をできるだけ自然のものとすることによって、ビオトープとしての意義も生ずるであろう。

ミチゲーション・エコロード

ミチゲーション(mitigation)という言葉が最近よく用いられるようになった。これは英語で「緩和する」という一般的意味をもつ語であるが、法律用語としてはアメリカで「開発行為による環境への負荷を緩和するガイドライン」を意味する語として用いられている。わが国では特にこの語によって法制化されているわけではないが、同様な目的をもつ様々な法律の基本概念として広く援用されている。ここでは、わが国でよく言われている「自然にやさしく」という気分的表現の具体的内容を示すものとして紹介を試み、その事例として道路建設について述べることにしたい。

アメリカにおけるミチゲーションの内容は、回避、最小化、修復、軽減、代償の五つのカテゴリーに区分される。「回避」とは、貴重な自然を破壊する怖れのある場合、計画を中止したり、計画地をかなり離れた場所に変更することである。これは、わが国で自然保護運動が主張してきたことと一致する。道路に例をとるならば、最近では白神山地を貫通する道路建設を変更させた事例がある。私自身も静岡県下でいくつかの道路建設の反対運動を行ったことがある。しかし、それは一九七〇年代のことで、回避させることは不可能であった。ただし、ミチゲーションにおける回避の概念は、道路建設のように可視的なもののみを言うのではなく、工場などからの有害物質や、おそらく騒音のようなもの、さらに地震、噴火、津波など、天災の被害の緩和などをも含む広汎なものであることを忘れてはならない。

「最小化」とは、事業計画を縮小したり、計画地内にかなりの面積の保全区域を設けた場合、そのほか計画に大幅な変更を加えた場合などである。しかしこの場合、最小化の程度が問題であることは明らかである。わが国でのこれまでの事例では、ほんの気持ち程度の変更で済まされることが多かった。私の関わった事例でかなり思い切った規模のものとしては、先の章で述べた敦賀市の中池見地区で、大阪ガスがＬＮＧ基地建設予定地の約九ヘクタールを保存地域として確保した事例がある。

道路建設の場合、路線の一部変更ということで回避に属するとも解釈されるが、全体的には最小化と受け取れる事例である。そのひとつは、一九七〇年代に静岡市の梅が島地区から山梨県身延に向けての道路建設である。この道路の最高所は安倍峠であるが、標高千数百メートルを越えるこの鞍部に渓流とその周辺の湿地が存在するという全国でも稀に見る環境が見られ、アベトウヒレンなど特有の植物が自生することから、私などを含む自然保護グループによる道路建設反対運動となったわけである。そして、二、三年間の交渉の結果、わずかに路線を曲げ、この部分をギリギリ迂回させることに成功したのである。「回避」の定義による「かなり離れた場所」にはとうてい及ばなかったものの、「最小化」の事例に入れることはできるであろう。

私がかかわりを持ったもうひとつの事例は、伊豆半島中央部に建設された西天城高原線である。天城山系の稜線部分を通過するハイウエーであるが、イヌツゲ群落や湿地性植物群落などが散在することから、それらの破壊が憂慮されることになった。幸い、工事を担当した静岡県沼津土木事務所長（当時）の富野章氏は、県下での自然復元事業を先導された方であり、いくつかの路線案のうち、問題個所を避けることによって破壊を最小化する案を採用するとともに、ミチゲーションの次の項目、「修復」「軽減」に属する処置をも行ったのである。

「修復」の定義としては、計画地の生物種を工事期間中は移転、収容し、その生育、生息環境を人工的につくり直して復帰させること、

伊豆半島中央部の西天城高原線（静岡県沼津土木事務所、1999）

あるいは、生物の生息・生育環境の一部を残りの部分と連続する形で移転させることなどである。

西天城高原線の場合、イヌツゲなど自然植生群落の場を基本的には回避したのであるが、最終的な計画においても当然植生の破壊は生じるわけである。そこで、それらの植生のうち貴重なものをあらかじめ移動し、工事終了後できるだけもとの場所近くに復帰させたのである。

このような場合、樹木では復帰後に枯死するものも多く、修復が申し訳程度に終わることもよく見られる。これに対して、工事が数年以上を要する長期間の場合には、移動先でそれらの樹木の種子や挿し木による増殖を行うことも可能である。私が関係した静岡県下の空港建設事業では、このようにして各種数千～数万本の苗木をつくり出したのである。これは小動物に関しても十分可能性のある方法と思われる。

「軽減」は、工作物の設計に多少の変更を加えたり、ある生物の繁殖期など、特に影響の大きな時期に工事を停止するなどすることにより悪影響を軽減することである。

道路建設は、地域の分断などにより生態系への影響が最も大きなもののひとつであるが、最近エコロードの名のもとに様々の軽減化の工夫が凝らされている。前述の西天城高原線もそのエコロードのひとつであるが、ここでは特に道路の地域分断に対する軽減化として、哺乳動物のための移動通路を三カ所設けた。つまり道路下のトンネルである。四×四メートルのボックスカルバートを利用したもので十分

エコロードとして建設された日光有料道路

動物の移動のために設けられたボックスカルバート（日光有料道路）

に広く、かつ両開口部に誘導柵も設けられた。この地域はシカの多産地として知られているが、この通路の利用を確かめるための撮影装置を取り付けたところ、道路完成後二年間に利用したのはイタチ、タヌキ、ノウサギ、キツネの中型動物のみで、シカの利用はまだ確認されなかった。夜間車の通過の稀なこの地域で、シカは道路上を堂々と横断しているとのことである。

最後の「代償」は、生物種やその生育・生息環境をかなり離れた場所に移転する。あるいは、生息・生育環境を工事前とは連続しない形でつくり直したりすることである。

いわゆるビオトープづくりはこの範疇に属するものと思われるが、代償行為として明確なプランを持つものはきわめて少ない。それは、ビオトープの多くが都市内外のすでに元の自然の完全に消失した場所に営まれることが多いため、代償のプランを立てることが不可能であるからである。そこで、このような行為に対して「自然創造」という表現が用いられることがある。しかし、創造の語は拡大解釈されると大きな弊害を生むおそれがある。現状ではほとんど生態系ゼロの場所で行うにしても、ビオトープづくりはその地域に固有の「潜在生態系」とも言うものの復元を目指すべきであり、そのことによって「代償」行為の一端を担うことになると考えられるのである。

このようなミチゲーションの実行のためのプランとして、最近よく議論されるものにミチゲーション・バンキング（Mitigation Banking）の手法がある。これはすでにアメリカでは実施されているものである。その内容を簡単に述べれば、ミチゲーション・バンカーは将来の開発を予想して、ある面積の土地を確保（バンク）しておく。一方、開発者は開発地域の自然を破壊する代償としてバンクされた地域を購入する。場合によってはその自然をさらに質の高いものとするというシステムである。説明を分かりやすくするため極端な場合を想定すると、たとえば尾瀬ヶ原のような貴重な自然がまだ未保護の状態であるとして、それをバンカーは購入しておく。一方、ある企業は別のある地域で開発を行う場合、消失させる自然の質や面積に応じて、このバンクされた地域のある面積を購入する。そのことによって自然破壊の代償とするのである。バンカーはあらかじめ購入した代金に適当に上乗せすることによって利潤を得ることになる。簡単にいえばこのようなことになるが、これが適切に実行されるためには綿密な法制度の整備が必要とされるであろう。一種の商取引になるわけであるが、環境には工業製品のような明確な価値基準があるわけではない。価値評価の方法に関する詳細は私にも不明であるが、アメリカではすでに相当数のバンカーが設立されているということである。

このバンキング制度は、わが国ではまだ議論のスタートの段階にある。「代償」の定義では、代償する場所として「かなり離れた場所」とされているが、「かなり」をどの程度とするかの問題がある。アメリカのように広大で単調な国土を持つ国では、数百キロメートル単位でも問題にならないかもしれないが、わが国では数キロ程度でも別の生態系となることが多い。「かなり」の程度をどう考えるかが大きな問題とされるであろう。

第二の問題として、ビオトープづくりに際しても常に問題となることであるが、どのような環境が価値ある自然であるのかという問題がある。とりわけわが国の平野部の自然は数百年にわたって人間の手によって造成・維持管理されてきた環境、つまり二次的自然である。自然度において原自然に劣るのは当然であるが、種の多様性に関してそれを凌ぐものがある。現在そのあるべき状態として、かつての伝統的農村環境の状態が目標として定められることが多い。その状態は、管理の手を休めればたちまちにしてその状態は失われることになる。このことは山林においてもおおむね同様である。このように、人間の手によって維持管理される自然と原生自然とは全く異なる基準によって評価されなければならないであろう。また、このような伝統的農村環境がバンクされたとして、その状態を保つために永久に続けられる農作業に類した労働の対価をどのようにして確保するかという問題も生じるであろう。

ミチゲーション・バンキングはこのように多くの問題をはらむ手法ではあるが、その理念を骨格として、わが国なりの方法を開発してゆく必要があるであろう。

たとえば、バンカーとして私企業ではなく行政がその役割を担当すること、散在する放棄水田を一カ所にバンクとして、自然豊かな湿地を造成するなどのことが考えられる。行政に可能な方法としては、各地方自治体で広大な山林を名前だけの市民公園として指定していることが多く見られるが、このようなものを一種のバンクと考え、同一の自治体の範囲内で行われる開発に対する代償として、公園内の自然の質的向上を義務付けるなどのことが考えられるのである。

将来の展望—まとめに代えて

一九八〇年代後半に萌芽をみせた自然復元の動向は、身近な自然の急激な破壊と、自らが経験した過去の自然に対する郷愁を背景とした情緒的、個人的背景を持つものであったが、そのような気分が全国的かつ一般的に共有されていたことにより、急速に大きな流れを形成することとなった。それと時を同じくして、いわゆる地球環境の危機の認識が広く定着することになった。地球環境の危機とは、資源の枯渇、汚染の増大、種の多様性の減少を三大要素とするものであるが、自然環境の復元は少なくとも種の減少に対処する具体的な行為であることによって運動の理論的根拠を得たといってよい。そして、ヨーロッパ、特にドイツ・スイスにおいて、同様の運動がすでに二、三〇年以前にはじめられ、とりわり、身近な自然の復元がビオトープづくりの名によって具体化していることが知られるようになり、その理論、手法を学ぶことによって、自然発生的にスタートしたわが国の運動も世界的な潮流の一部となることができたのである。その後十数年を経た今日、ごく小規模なホタルの小川、自然観察園の造成などにはじまったわが国の自然復元行為も次第に大規模なものがみられるようになるとともに、多様な展開を示しつつある。大規模化の背景として、やはり一九八〇年代後半から準備をはじめていた建設省（現国土交通省)が一九九七年行なった河川法の改正によるところが大きい、このことにより、大河川の近自然化、ダムサイトなどでの大規模ビオトープの造成が行われることになった。その後、農水省、文部科学省などでも自然復元に質する様々な動向が見られるようになった。

多様化に関しては、様々な地方で実施される自然復元事業に地域のナチュラリスト、NGOやNPOなどが参加することにより、生物的内容の多様化や自然性に向けての深化が見られるようになった。事業の多様化に関する大きな流れとしては、山間地における里山管理運動、都市における屋上緑化や企業地内ビオトープ造成、海域における干潟や藻場の復元、学校における構内ビオトープの造成などがある。

このように、質量ともに急速に進展しつつあるわが国の自然復元運動であるが、その将来についてはどのような方向性が求められるのであろうか。まず第一に言えることは、これらの事業が前にも述べたように地球環境の危機に対処するものである以上、危機の要因である資源の枯渇、汚染の増大の緩和とリンクするものであることが要求されるであろう。とりあえずは、いわゆる省エネ、リサイクルとの連繋である。省エネに関しては環境共生住宅で様々な実験的試みがなされつつある。リサイクルに関しては、行政と企業の焦眉の急ということで現在急速に実行に移され、それなりの成果も見られるようであるが、その主流が工業製品を再び工業製品に戻すという人間社会内での循環にとどまり、生態系による大循環との合流に関する意識が乏しいように思われるのである。技術的、コスト的に大きな困難を伴うものであるが、地球生態系の物質循環との合流が行われない限り、工業製品処理の根本的な解決は望めないのである。一方、東京都では大規模な屋上緑化によるヒートアイランド減少の緩和が計画されているが、いずれも緒についた段階に過ぎず、その緑の内容として野生種が検討されるのは遠い将来のことと考えられるのであるが、緑化と種の保存とが共役的に進められる方向が理想的である。そのことによって文字通りのエコポリス、エコシティの実現に一歩近づくことになるであろう。

将来の展望としてもうひとつ重要な点は、グローバルな視点に立っての貢献ということである。とりわけ、わが国は熱帯アジアにおける樹林の破壊に対して直接的責めを追うべき立場にあることはもちろんのこと、他の先進国とともにその経済的進出に伴って生じたあらゆる種類の環境問題に対し、解決の手をさしのべなければならない立場にある。自然環境復元の面について述べるならば、これまでわが国で実行されてきた自然の復元行為はいずれもきわめて小規模なものであるにしても、その結果得られた技術は広大な地域への適用も可能である。先進国での事例は、地球規模での自然復元の実験的試みであるといってもよい。その結果、いわゆる発展途上国の広大な自然破壊地の修復に活用することは、われわれの義務でもあると考えられるのである。しかし一方、これらの実験の結果が規格化され、いわば新規のグローバルスタンダードとして発展途上国に強要されることに関しては警戒すべきであろう。現在WTOなど，経済面でのグローバルスタンダード化に対して巨大な抗議行動の渦が巻き起こっているのは、それが多くの貧しい国々の実情を無視したものと捉えられたからである。しかし、これらスタンダードが当初から悪しき意図をもつものであったわけではない。スタンダード化そのもののもつ非現実性に目を開くべきなのである。自然環境の保全に関するアメリカでの法制制度であるミチゲーションや、ミチゲーション・バンキングのグローバルスタンダード化に関しても十分な考慮が必要とされるであろう。

自然環境はわけても地域性の顕著なものである。そしてさらに、その自然の保全に大きなかかわりをもつ各国各地域の人間社会のあり方、人々の自然観にもそれぞれ特有な要素が存在するのである。それは欧米に対するわが国に関しても同様なことが言える。

先に私は、わが国の自然復元行為がドイツ・スイスの先行事例を学ぶことによって世界性を獲得したと記したのであるが、最近ではむしろ彼我の相異点を強く感じているのである。それは気候風土の違いだけでなく、歴史的に形づくられてきた社会や、宗教を背景とした自然観の相異などによるものである。欧米的自然観は一神教の発想のもとに、神の代理者としての人間が、自然を破壊してきたと同様な立場から自然の復元を行うという趣きを持つものである。そこには悔い改めの思想とともに、あくまで自然を客体化する姿勢が見られるのである。そしてそのことは、人間の勢力がこのように全能の神を思わせるほどに強大なものとなっている以上、一神教徒ではないわれわれにも納得できる面は充分存在する。しかし、根源的な思想に関しては大分異なるのではなかろうか。われわれ日本人は過去において神の代理者として自然に君臨しようとしたこともなければ、それが神の意向の誤解であったと反省して、今度こそは神の正しい意向の実行者として自然の復元を行うという気分は持っていない。日本人の自然観では、本来自然と人間とを明確に分離することはなかったといってよいであろう。自然という言葉自体がネイチャーやナトゥールの訳語として無理に再定義されたもので、「ありのまま」といった漠然とした内容の語に過ぎなかったのである。われわれ日本人にとって、ネイチャーはむしろ山川草木とでも訳すべきものであったろう。そして、それにまつわる思想として、草木国土悉皆成仏（涅槃経）や、排虚（鳥）沈地（虫）流水（魚）遊林（獣）、総べて是れ吾が四恩なり（空海）というような仏教的思想、さらにその背景として神道に代表されるアニミズム的自然観があると考えられる。

もちろん現在のわれわれ日本人にとって、西欧化百年の歴史の中で実行してきた自然の収奪の後始末を西欧流の理念手法に添って行う必要はあるわけであるが、いわばそれは責任のとり方に類することであり、それとは別にわれわれの心の深層には自然を意識の表徴として捉える、非西欧的感覚が根強く存在するように思えてならないのである。そして、それらはイスラム圏を除くアジアの国の人々に共通の心性であると思われる。

現在の自然環境復元行為は、西欧的自然征服の後始末を新規の西欧的理念と手法によって行う段階にあり、それはとりあえず最善のプロセスと思われるのであるが、その先にあることとして、各民族本来の思想に基づいた自然との共存の文化の構築が想定されるのである。われわれ日本人はその点においても、西欧とアジアの接点にある民族として、意義ある途を切り開いていくべきであろう。

ビオトープ関連図書

安藝皎一＝川の昭和史、東京大学出版会（一九九〇）
浅井義泰＝環境に配慮した公園緑地の設計、緑の読本・シリーズ二六、一九―三八、公害対策技術同友会（一九九三）
芦原修二＝新首都への夢―自然との共存共栄都市というもの―、緑の読本・シリーズ二六、二―五、公害対策技術同友会（一九九三）
アニマ＝エコアップテクノロジー入門、アニマ、二二〇、一〇―六三、平凡社（一九九一）
新井　裕＝「寄居町トンボ公園」作りの現状と課題、私たちの自然、三三七、一四―一七、日本鳥類保護連盟（一九八九）
新井　裕＝市民の手で作る寄居トンボ公園、自然復元特集二、ビオトープ、六〇―六七、信山社（一九九三）
いきものまちづくり研究会(編著)＝エコロジカル・デザイン―いきものと共生するまちづくりベーシックマニュアル―、ぎょうせい（一九九二）
伊久美隆＝焼津市栃山川自然生態観察公園、自然復元特集二、ビオトープ、八六―九二、信山社（一九九三）
池谷奉文＝ビオトープとは、自然復元特集二、ビオトープ、三―一一、信山社（一九九三）
石井　実他＝里山の自然をまもる、築地書館（一九九三）
石城謙吉＝森はよみがえる、講談社（一九九四）
石城謙吉＝小川の増自然―幌内川での試み―、新潟の水辺を考える会（一九九四）
石崎正和＝伝統的河川工法―水辺ビオトープへの活用と課題―、自然復元特集三、水辺ビオトープ、三〇―三七、

信山社（一九九四）
市川緑の市民フォーラム（編）＝生きている水辺―北方遊水池の調査と研究―、市川緑の市民フォーラム（一九九四）
井手久登＝緑地保全の生態学、東京大学出版会（一九八〇）
井手久登＝道路と緑環境、景観づくりを考える、技報堂出版（一九八九）
伊藤　滋他（監修）・建設省都市局（編）＝環境共生都市づくり―エコシティ・ガイド、ぎょうせい（一九九三）
猪苗代正憲＝かやぶき屋根の植物、岩手植物友の会会報（一九七五―一九七八）
井上幹生・中野　繁＝小河川の物理的環境構造と鳥類の微生息場所、日本生態学会誌、一五一―一六〇（一九九四）
岩田　誠＝大和市引地川ふれあい広場と多自然型改修、自然復元特集三、水辺ビオトープ、六八―七六、信山社（一九九四）
岩田　貢＝北本自然観察公園の整備状況、緑の読本・シリーズ一〇、七五―八一、公害対策技術同友会（一九八九）
岩村和夫＝エコロジカルなまちづくりへの道程、エコ・シビルエンジニアリング読本（土木学会誌別冊）、一〇〇―一〇八、土木学会（一九九二）
上田　篤＋世界都市研究会＝水辺と都市、学芸出版会（一九八六）
卯月盛夫＝エコロジーに配慮したドイツの都市政策と事例、緑の読本・シリーズ二六、四七―五二、公害対策技術同友会（一九九三）
宇根　豊＝「百姓仕事」が自然をつくる、築地書館（二〇〇一）
宇根　豊＝「田んぼの学校」入学編、農村環境整備センター（二〇〇〇）
海野和男＝昆虫の住める環境作り、私たちの自然、三三七、八―一三、日本鳥類保護連盟（一九八九）
江崎保男他＝水辺環境の保全、朝倉書店（一九九八）

江上信雄＝メダカに学ぶ生物学、中央公論社（一九六九）
大熊　孝＝近自然河川工法と自然環境復元に関する考察、自然復元特集一、ホタルの里づくり、一一三―一一八、信山社（一九九一）
大熊　孝＝近世の治水における環境の破壊と保全、エコ・シビルエンジニアリング読本（土木学会誌別冊）、一七―二一、土木学会（一九九二）
大熊　孝＝ビオトープ回廊としての川と文化、自然復元特集二、ビオトープ、四一―四八、信山社（一九九三）
大熊　孝＝川のフィロソフィーと河川技術の分類方法、自然復元特集三、水辺ビオトープ、一一一―一二〇、信山社（一九九四）
大熊　孝（編）＝川を制した近代技術、平凡社（一九九四）
大熊　孝＝川がつくった川、人がつくった川、ポプラ社（一九九五）
大阪市港湾局計画課＝大阪南港野鳥湖、緑の読本・シリーズ一〇、一〇九―一一五、公害対策技術同友会（一九八九）
大沢浩一＝水辺の緑地空間の設計、水と緑の読本（公害と対策臨時増刊号）、一五―四一、公害対策技術同友会（一九九八）
大庭俊司＝桶ヶ谷沼の自然と管理、自然復元特集二、ビオトープ、四九―五九、信山社（一九九三）
大場信義＝ホタルのコミュニケーション、東海大学出版会（一九九六）
大場信義＝ゲンジボタル、文一総合出版（一九八八）
大場信義＝西と東で異なるゲンジボタル、昆虫と自然、二四（八）、二―六、（一九八九）
大場信義＝日本のホタル、自然復元特第一、ホタルの里づくり、一三―二二、信山社（一九九一）
緒方隆雄＝美しいホタルの里を求めて、水と緑の読本（公害と対策臨時増刊号）、一一八―一二三、公害対策技術同友会（一九八八）

緒方隆雄＝ホタルの里づくり運動（熊本県）、自然復元特集一、ホタルの里づくり、五一―六三、信山社（一九九一）

岡村昌義・松井正澄＝源兵衛川「川のみち」―「かたち」の発見・再生・創造（三島市）、緑の読本・シリーズ二六、五三―五九、公害対策技術同友会（一九九三）

岡村昌義・松井正澄＝源兵衛川「川のみち」―人と自然の共存の「かたち」、自然復元特集三、水辺ビオトープ、五八―六七、信山社（一九九四）

小河原孝生＝生物的多様性を確保するための計画と技術、緑の読本・シリーズ二六、三九―四六、公害対策技術同友会（一九九三）

小河原孝生＝鳥類のビオトープ、自然復元特集二、ビオトープ、一〇五―一一三、信山社（一九九三）

奥田睦子＝キジが棲み、畑がある都市公園を、緑の読本・シリーズ一二、一一三―一一九、公害対策技術同友会（一九八九）

尾沢卓思＝矢部川のホタル護岸、自然復元特集一、ホタルの里づくり、七五―八二、信山社（一九九一）

片寄俊秀＝自然環境復元型地域づくり、自然復元特集三、水辺ビオトープ、二一―二九、信山社（一九九四）

勝野武彦＝西ドイツにおける庭園博と緑地政策、公園緑地、四八（三）、四九―六〇（一九八七）

勝野武彦＝緑地整備のニューウェーブ・自然再生・私たちの自然、三二五、八―一六、日本鳥類保護連盟（一九八八）

勝野武彦＝水辺における自然性の復元、水と緑の読本（公害と対策臨時増刊号）、五八―六六、公害対策技術同友会（一九八八）

勝野武彦＝緑の先進国ドイツに学べ―身近に自然を創る―アニマ、二二一、三八―四二、平凡社（一九九一）

加藤久和＝都市生態学とエコポリス構想、環境情報科学、一九（二）、二一―二六（一九九〇）

金井　裕＝都立水元公園のバードサンクチュアリ、緑の読本・シリーズ一〇、九六―一〇三、公害対策技術同友会

（一九八九）
神奈川県＝自然にやさしい技術一〇〇例―人と自然との共生をめざして―、神奈川県（一九九四）
神奈川県横浜地区公園管理事務所＝四季の森公園ホタル生息環境育成調査報告書、神奈川県（一九八八）
可児籐吉＝渓流棲昆虫の生態、昆虫（上）、一一七―三一七、研究社（一九四四）
亀山　章他＝道路と自然・中部コーロッパ、道路緑化保全協会（一九八三）
亀山　章＝地域開発と水辺景観、地域開発と水環境、一五三―一五九、信山社（一九九〇）
亀山　章＝生態系にやさしい道路―動物たちのバイパスを拓く―アニマ、第二二一号、四五―四七、平凡社（一九九一）
亀山　章・樋渡達也＝水辺のリハビリテーション―現代水辺デザイン論、ソフトサイエンス社（一九九三）
川口昌平＝川を見る―河床の動態と規則性、東京大学出版会（一九七九）
環境庁自然保護局＝ふるさといきもの一〇〇選、ぎょうせい（一九八九）
環境情報科学センター＝特集エコ・テクノロジー、環境情報科学、環境情報科学センター（一九九二）
環境林整備検討委員会（編）＝環境林の整備と保全、日本造林協会（一九九三）
神田左京＝ホタル（復刻版）、サイエンティスト社（一九八一）
関東弁護士連合会（編）＝里山の復権を求めて―身近な自然の保全・再生、関東弁護士連合会（一九九四）
北原恒一＝野鳥のすめるまちづくりとアーバン・エコロジー・パーク、私たちの自然、三三七、一〇―一四、日本鳥類保護連盟（一九八九）
北村真一＝「近自然」「多自然」の川づくり―川の自然を回復させる工法とは、アニマ、二三二、四八―五一、平凡社（一九九一）
北村真一＝ランドスケープの人間生態学、エコ・シビルエンジニアリング（土木学会誌別冊）、一一二―一一五、

土木学会（一九九二）
北村真一＝扇状地河川の改修と環境への配慮、自然復元特集二、水辺ビオトープ、信山社（一九九四）
君塚芳輝＝河川の横断工作物が魚類に及ぼす影響―近頃の魚の悩み・下、にほんのかわ、五一、一七―三一、日本河川開発調査会（一九九〇）
君塚芳輝＝放流による在来魚類相資源の撹乱、にほんのかわ、四八、日本河川開発調査会（一九九〇）
君塚芳輝＝河川改修による魚類の生息環境の変化―近頃の魚に悩み・中、にほんのかわ、四九、二一―三九、日本河川開発調査会（一九九〇）
君塚芳輝＝良い水辺を知って楽しむ―ミズガキ養成講座・上、私たちの自然、三六〇、六―一三、日本鳥類保護連盟（一九九一）
君塚芳輝＝森を見て川を知る―ミズガキ養成講座・中、私たちの自然、三六一、六―一三、日本鳥類保護連盟（一九九一）
君塚芳輝＝魚類の快適環境の保全と再生―近頃の魚に悩み・上、にほんのかわ、五二、四七―六一、日本河川開発調査会（一九九一）
君塚芳輝＝魚の視点から川を見る、アニマ、二二一、一四―一七、平凡社（一九九一）
君塚芳輝＝魚類の生息環境としての親水整備―近頃の魚に悩み・下、にほんのかわ、五五、四九―六三、日本河川開発調査会（一九九一）
君塚芳輝＝ミズガキを育む小学校―ミズガキ養成講座・下、私たちの自然、三六二、六―一三、日本鳥類保護連盟（一九九一）
熊本県ホタルを育てる会＝熊本のホタル、熊本県ホタルを育てる会発足三周年記念号（一九八九）
熊本県ホタルを育てる会＝ホタルの里を求めて、熊本のホタルの生態とその育て方（一九八九）

倉本　宣他＝雑木林をつくる、白水社刊・星雲社発売（一九九八）
栗原　康＝河口・沿岸域の生態学とエコテクノロジー、東海大学出版会（一九八八）
黒坂三和子＝都市の自然をめぐる環境教育、緑の読本・シリーズ一〇、五三―六四、公害対策技術同友会（一九八九）
建設省河川局治水課＝多自然型河川工法設計施工要領（暫定案）、山海堂（一九九四）
建設省都市局他＝野鳥等の生息に配慮した都市緑化推進方策に関する調査、建設省都市局・(財)都市緑化基金（一九八六）
建設省土木研究所＝伝統的治水工法に関する調査（その二）報告書、地域開発研究所（一九八九）
建築ジャーナル＝特集都市の自然環境復元、建築ジャーナル七九八、企業組合建築ジャーナル（一九九一）
現代農業＝ニッポン型環境保全の源流、現代農業臨時増刊号、農村漁村文化協会（一九九一）
公害対策技術同友会(編)＝緑の読本・シリーズ二六、特集エコシティ、公害対策技術同友会（一九九三）
工業調査会(編)＝生態系保全をめざした水辺と河川の開発と設計、工業調査会（一九九五）
工業調査会(編)＝ビオトープの計画と設計、工業調査会（一九九七）
神戸市＝神戸市エコポリス計画（一九九〇）
小杉山晃一＝ビオトープ社会のかたち、信山社（二〇〇〇）
小林比左雄＝ホタルの環境づくり―塩尻におけるホタル保護の現状―、自然復元特集一、ホタルの里づくり、信山社（一九九一）
小町谷信彦＝昭和記念公園のバードサンクチュアリ、緑の読本・シリーズ一〇、八三―八九、公害対策技術同友会（一九八九）
近田文弘他(編)＝自然林の復元―国際シンポジウム「自然林復元―その理論と実践」論文集、文一総合出版（一九九四）

近藤哲也＝野生草花の咲く草地づくり、信山社（一九九三）
近藤三雄＝藪化している公園緑地のリフォームを、緑の読本・シリーズ一二、一〇〇―一〇三、公害対策技術同友会（一九八九）
埼玉県自然環境創造研究会＝自然と共生する環境をめざして―ビオトープ事業推進のための手引き（一九九二）
埼玉県自然保護課＝県民休養地小昆虫生息環境保全計画調査、埼玉県（一九八三）
埼玉県野鳥の会（編）＝ビオトープ・緑の都市革命、ぎょうせい（一九九〇）
佐伯彰光＝野鳥のすめるまちづくり・コンセプトワーク、緑の読本・シリーズ一〇、三三―四一、公害対策技術同友会（一九八九）
坂口　哲＝「アーバンみらい東大宮」の多目的遊水池、自然復元特集三、水辺ビオトープ、信山社（一九九四）
桜井善雄＝湖岸・河岸の自然環境の保全と復元、地域開発と水環境、一三六―一五二、信山社（一九九〇）
桜井善雄＝水辺の自然環境の保全と復元、自然復元特集一、ホタルの里づくり、一〇六―一一二、信山社（一九九一）
桜井善雄＝湖岸の自然をよみがえらせる―陸と水のエコトーン―、アニマ、二二一、三一―三三、平凡社（一九九一）
桜井善雄＝水辺の環境学、新日本出版（一九九一）
桜井善雄＝続水辺の環境学―再生への道をさぐる―、新日本出版（一九九四）
桜井善雄（監修）＝水辺ビオトープの保全、自然復元特集三、水辺ビオトープ、一―六、信山社（一九九四）
桜井善雄他（編）＝都市の中に生きた自然を、信山社（一九九六）
笹木延吉＝近自然工法を取り入れた水辺づくり―日野市におけるビオトープ、自然復元特集三、水辺ビオトープ、四七―五七、信山社（一九九四）
佐藤秀夫＝市民農園の現状と今後の推進について、緑の読本・シリーズ一二、四九―五七、公害対策技術同友会

（一九八九）
眞田秀吉＝日本水制工論、岩波書店（一九三二）
重松敏則＝市民は山へ柴刈りに―市民による里山管理運動・前編、私たちの自然、三二八、二一―二五、日本鳥類保護連盟（一九八九）
重松敏則＝市民は山へ柴刈りに―市民による里山管理運動・後編、私たちの自然、三二九、一〇―一四、日本鳥類保護連盟（一九八九）
重松敏則＝市民による里山の保全・管理、信山社（一九九一）
品田　穣＝都市の自然史―人間と自然のかかわり合い、中公新書、中央公論社（一九七四）
品田　穣＝ヒトと緑の空間、東海大学出版会（一九八〇）
品田　穣・立花直美・杉山恵一＝都市の人間環境、共立出版（一九八七）
品田　穣＝人間主体的環境としてのビオトープ、自然復元特集二、ビオトープ、三〇―四〇、信山社（一九九三）
篠原　修・伊藤　登＝水辺の緑の型と設計原則、水と緑の読本―公害と対策臨時増刊号、一六―二四、公害対策技術同友会（一九八八）
島谷幸宏＝河川風景デザイン、山海堂（一九九四）
清水　裕＝河川水際のエコロジーとその保全・創出、エコ・シビルエンジニァリング読本（土木学会誌別冊）、四四―四七、土木学会（一九九一）
下田路子（編）＝中池見の自然と人、大阪ガス（株）（二〇〇〇）
進士五十八＝アメニティデザイン、学芸出版社（一九九二）
進士五十八・鈴木誠一・一場博幸（編）＝ルーラルランドスケープデザインの手法―農に学ぶ都市環境づくり、

学芸出版社（一九九四）
進士五十八＝都市、緑と農、東京農業大学出版会（二〇〇〇）
末石冨太郎＝都市環境の蘇生—破局からの青写真、中公新書、中央公論社（一九七五）
末石冨太郎＝都市にいつまで住めるか—地球環境の都市づくり、読売新聞社（一九九〇）
杉村光俊・一井弘行＝トンボ王国へようこそ、岩波ジュニア新書一七八、岩波書店（一九九〇）
杉村光俊＝高知県中村市トンボ王国、自然復元特集二、ビオトープ、六八—七六、信山社（一九九三）
杉本　武＝昆虫生態園、静岡の文化一八、一六—一八、静岡県文化財団（一九八九）
杉本　武＝校庭を利用した昆虫誘致園、自然復元特集二、ビオトープ、七七—八五、信山社（一九九三）
杉山恵一＝ハチの博物誌、青土社（一九八九）
杉山恵一＝自然生態系の復元、私たちの自然、三三〇、八—一五、日本鳥類保護連盟（一九八九）
杉山恵一＝自然環境復元の意味と展望—二一世紀の人類の課題—私たちの自然、三四五、七—一四、日本鳥類保護連盟（一九九〇）
杉山恵一・進士五十八・小山田敬＝守る自然から造る自然へ—緑の列島改造草案—（座談）、アニマ、二三一、五六—六三、平凡社（一九九一）
杉山恵一・進士五十八（編）＝自然環境復元の技術、朝倉書店（一九九二）
杉山恵一＝メダカを天然記念物にしないために—「小さな水辺」の大きな力再発見、いま水がおもしろい、現代農業臨時増刊号（一九九二）
杉山恵一＝土木とエコロジー、エコ・シビルエンジニアリング読本（土木学会誌別冊）、三一—三四、土木学会（一九九二）

杉山恵一＝自然環境復元入門、信山社（一九九二）
杉山恵一＝ビオトープ作りの推進とそのベース、設計資料、六五、四二―四六、建設工業調査会（一九九三）
杉山恵一＝昆虫ビオトープ、信山社（一九九三）
杉山恵一＝ビオトープ造りに関する諸問題について、自然復元特集二：ビオトープ、六八―七六、信山社（一九九三）
杉山恵一＝エコアップと水辺の昆虫、FRONT, No. 11、二五―二七、リバーフロント整備センター（一九九三）
杉山恵一＝自然環境復元の実践的展開、JAPAN LANDSCAPE, No. 31、一二一―一二三、プロセスアーキテクチュア（一九九四）
杉山恵一＝ビオトープ・コリドーとしての河川について、自然復元特集三：水辺ビオトープ、七―一一、信山社（一九九四）
杉山恵一＝ビオトープの形態学、朝倉書店（一九九五）
杉山恵一（監修）＝みんなでつくるビオトープ入門、合同出版（一九九六）
杉山恵一・赤尾整志（監修）＝自然復元特集六、学校ビオトープの展開、信山社（一九九九）
杉山恵一・福留脩文（編）＝ビオトープの構造、朝倉書店（一九九九）
杉山恵一・中川昭一郎（監修）＝自然復元特集七、農村ビオトープ、信山社（二〇〇〇）
杉山恵一・重松敏則＝ビオトープの管理・活用、朝倉書店（二〇〇二）
鈴木　誠＝都市河川におけるレクリエーションと緑、水と緑の読本（公害と対策臨時増刊号）、九一―一〇一、公害対策技術同友会（一九八八）
須永伊知郎＝埼玉ビオトープ・ネットワーク構想、自然復元特集二：ビオトープ、一二四―一三九、信山社（一九九三）
関　克己・高沢浩二＝自然豊かな川づくり事例、エコ・シビルエンジニアリング読本（土木学会誌別冊）、四九―五五、

土木学会（一九九二）
関　正和＝大地の川―蘇れ日本のふるさとの川―、草思社（一九九四）
全国農業改良普及協会＝環境保全型農業技術の普及（一九九四）
先端建設技術センター（編）＝技術による豊かな環境の創造、技報堂（一九九四）
高橋　裕＝河川工学、東京大学出版会（一九九〇）
武内和彦＝地域の生態学、朝倉書店（一九九一）
武内和彦＝ビオトープ概念の成立と展開、自然復元特集二：ビオトープ、一二―一七、信山社（一九九三）
武内和彦＝エコシティと生物の多様性、緑の読本・シリーズ二六、九二―一〇一、公害対策技術同友会（一九八八）
立川周二＝都市化と水辺の昆虫、FRONT, No. 11、一七―一九、リバーフロント整備センター（一九九三）
田中哲夫＝上草柳多目的利用調整池、自然復元特集三：水辺ビオトープ、九九―一〇九、信山社（一九九四）
田淵実夫＝石垣（ものと人間の文化史一五）、法政大学出版局（一九七五）
筒井迪夫＝緑と文明の構図、東京大学出版会（一九八五）
角田直行他（編）＝公園緑地植栽、森北出版（一九八五）
東京都＝東京都水辺環境保全計画―快適な水辺環境をめざして―（一九九三）
東京都杉並区環境保全課＝杉並区の鳥と自然度、緑の読本・シリーズ一〇、四三―五二、公害対策技術同友会（一九八九）
当山真太郎＝横浜自然観察の森、緑の読本・シリーズ一〇、一〇四―一〇八、公害対策技術同友会（一九八九）
土木学会（編）＝エコ・シビルエンジニアリング（土木学会誌別冊）、土木学会（一九九二）
冨田祐次＝ガーデンパーク整備事業への取組み、緑の読本・シリーズ一二、四二―四八、公害対策技術同友会

（一九八九）
富野　章＝日本の伝統的河川工法一・二、信山社（二〇〇二）
中島　宏・小野敏正＝自然との触れ合いの実現をめざした公園整備（東京都）、緑の読本・シリーズ二六、七〇―七九、公害対策技術同友会（一九九三）
椰野良明＝環境問題と都市計画―エコシティにおける公園緑地政策について―、緑の読本・シリーズ二六、六一―一一、公害対策技術同友会（一九九三）
名古屋市農政緑地局＝環境にやさしい公園構想策定委託報告書（一九九二）
日本生態系協会（財）＝ビオトープネットワーク―都市・農村・自然の新秩序、ぎょうせい（一九九四）
日本生態系協会（財）（編）＝学校ビオトープ、講談社（二〇〇〇）
日本道路公団＝道路のり面植生遷移に関する研究（一九七六）
日本道路公団＝高速道路と野生牛物（一九八九）
日本道路公団＝緑と高速道路（一九八九）
日本道路公団＝高速道路の景観・事例集（一九九〇）
日本野鳥の会＝東京湾大井埠頭埋立地野鳥生息地保全基本計画調査報告書（一九八四）
沼田　眞（監修）＝河川の生態学（生態学研究シリーズ二）、築地書館（一九七二）
沼田　眞（監修）＝環境教育のすすめ、東海大学出版会（一九八七）
沼田　眞＝都市の生態学、岩波新書、岩波書店（一九八七）
沼田　眞＝自然保護運動の一環としてのビオトープの意義、自然復元特集一：ビオトープ、一―一二、信山社（一九九三）
沼田　眞（監修）＝河川の生態学（補訂版）、築地書館（一九九三）

農村漁村文化協会(編)＝暮らしが景色をつくる―ニッポン型景観形成の源流、現代農業増刊号、農村漁村文化協会(一九九四)
農林水産省構造改善局計画部資源課・農村環境整備センター(編)＝生き物と共生したゆとりある農村づくりのために、農林水産省(一九九三)
農林水産省農業環境技術研究所(編)＝農村環境とビオトープ、養賢堂(一九九三)
野村圭佑＝隅田川のほとりによみがえった自然、プリオシン刊・どうぶつ社発売(一九九三)
バイエルン州内務省建設局(編)・勝野武彦・福留脩文(監訳)＝河川と小川―保全・開発・整備―、西日本科学技術研究所(一九九二)
バイエルン州内務省建設局(編)・ドイツ国土計画研究所(訳)＝道と小川のビオトープづくり、集文社(一九九三)
バイエルン州水理管理局他(翻訳)＝河川と小川、保護・開発・造形、愛知県緑地工事工業協同組合(一九九二)
箱石憲昭・小林幹男＝宮ヶ瀬ダムにおける自然復元構想とビオトープ、自然復元特集三、水辺ビオトープ、一一九―一二五、信山社(一九九四)
湊　秋作＝「田んぼの学校」あそび編、農村環境整備センター(二〇〇〇)
浜島繁隆他編＝ため池の自然、信山社(二〇〇一)
阪神・都市ビオトープフォーラム(編)＝学校ビオトープ事例集、トンボ出版(一九九九)
半田真理子＝都市に森をつくる、朝日新聞社(一九八五)
半田真理子＝都市に森をつくる―私の公園学、朝日新聞社(一九八七)
半田真理子＝都市の生態系と緑、緑の読本・シリーズ一〇、二一―一〇、公害対策技術同友会(一九八九)
樋口広芳(編)＝保全生態学、東京大学出版会(一九九六)

笛木　担・松下　潤＝丘陵地の宅地造成と自然生態系の保全、エコ・シビルエンジニアリング読本（土木学会誌別冊）、六二―六八、土木学会（一九九二）
福留脩文＝近自然工法の理念と概念、自然復元特集三：水辺ビオトープ、三八―四五、信山社（一九九四）
福留脩文・クリスチャン ゲルディ＝近自然河川工法の研究―生命系の土木建設技術を求めて、信山社（一九九四）
藤井英二郎＝江戸庭園にみる水景とその生態系の構築手法、エコ・シビルエンジニアリング読本（土木学会誌別冊）、二二―二五、土木学会（一九九二）
プラド・J＝ビオトープと動物保護（武内和彦・大黒俊哉訳）、東京大学農学部（一九八九）
古田忠久＝学校教育とホタルの里づくり（岡崎市）、自然復元特集一：ホタルの里づくり、九五―一〇一、信山社（一九九一）
舞鶴正治＝快適な水辺空間の確保と活用・大阪市、水と緑の読本（公害と対策臨時増刊号）、一〇九―一一七、公害対策技術同友会（一九八八）
松井光瑶他＝大都市に造られた森―明治神宮の森に学ぶ、農村漁村文化協会（一九九二）
松田芳夫＝都市河川の水辺環境を考える、水と緑の読本（公害と対策臨時増刊号）、一―八、公害対策技術同友会（一九八八）
丸田頼一＝都市緑化・都市緑地計画論からみたエコシティ事業、緑の読本・シリーズ二六、一三―二一、公害対策技術同友会（一九九三）
三木和郎＝都市と川、農村漁村文化協会（一九八五）
三沢　彰他（監修）＝自動車道路のランドスケープ計画、ソフトサイエンス社（一九九四）
水野信彦（監修）＝内水面漁場環境・利用実態調査報告書、魚のすみよい川への設計指針（案）、

全国内水面漁業協同組合連合会（一九八七）
水野信彦＝魚のすみよい川の形、八・川岸の形と護岸、私たちの自然、三四五、一六—一七、日本鳥類保護連盟（一九九〇）
南喜市郎＝ホタルの研究、サイエンティスト社（一九八三）
宮下　衛＝ヘイケボタルの住める田んぼを作ろう、自然復元特集一・ホタルの里づくり、八三—九三、信山社（一九九一）
向　正＝道路整備が周辺の自然生態系に与える影響とその保全手法、エコ・シビルエンジニアリング読本（土木学会誌別冊）、五七—六一、土木学会（一九九二）
虫明功臣・石崎勝義・吉野文雄・山口高志＝水環境の保全と再生、山海堂（一九八七）
村井　宏他（編）＝ブナ林の自然環境と保全、ソフトサイエンス社（一九九一）
村岡政子＝身近な環境に豊かな自然を、緑の読本・シリーズ一〇、二六—三一、公害対策技術同友会（一九八九）
村上美佐男＝ホタルの愛護運動の歴史、自然復元特集一・ホタルの里づくり、二三—三二、信山社（一九九一）
本谷　勲＝都市に泉を—水辺環境の復活—、NHKブックス、日本放送出版協会（一九八七）
森　清和＝都市自然の自然保護を考える、私たちの自然、三〇五、八—一三、日本鳥類保護連盟（一九八七）
森　清和＝ホタル文化と水辺エコアップ、水と緑の読本（公害と対策臨時増刊号）、七八—九一、公害対策技術同友会（一九八八）
森　清和＝身近な自然のエコアップ、都市自然の魅力的活用のために、私たちの自然、三一六、一〇—一五、日本鳥類保護連盟（一九八八）
森　清和＝水辺をつくる、私たちの自然、三二八、二六—二七、日本鳥類保護連盟（一九八九）

森　清和＝水辺の再生とホタルの里づくり、自然復元特集一・ホタルの里づくり、三五―五〇、信山社（一九九一）
森　清和＝ホタル、トンボがやってくる公園はこうやってつくる―指標生物か近自然型か―、アニマ、二三一、三四―三七、平凡社（一九九一）
森　清和・長田光世＝都市の空間構造とエコアップ、エコ・シビルエンジニアリング読本（土木学会誌別冊）、六七―七三、土木学会（一九九二）
森　清和＝本牧市民公園トンボ・エコアップの概要（横浜市）、緑の読本・シリーズ二六、六〇―六九、公害対策技術同友会（一九九三）
森　誠一（編）＝自然復元特集四、魚から見た水環境、信山社（一九九八）
森　誠一（監修）＝自然復元特集五、淡水生物の保全生態学、信山社（一九九九）
盛岡　通＝エコ・シビルエンジニアリングの論理と倫理、エコ・シビルエンジニアリング読本（土木学会誌別冊）、四―五、土木学会（一九九二）
守山　弘＝トンボ池はまちづくりの一里塚、私たちの自然、三三三、八―一五、日本鳥類保護連盟（一九八八）
守山　弘＝自然を守るとはどういうことか、農村漁村文化協会（一九八八）
守山　弘＝田んぼはコメだけをつくる工場ではない、アニマ、二二一、二〇―二三、平凡社（一九九一）
守山　弘＝水田を守るとはどういうことか、農村漁村文化協会（一九九七）
守山　弘＝むらの自然をいかす、岩波書店（一九九七）
養父志乃夫＝生きものと触れあえる都市の河川づくり、緑化施策読本（公害と対策臨時増刊号）、一一三―一二三、公害対策技術同友会（一九八八）
養父志乃夫＝生きもののすむ環境づくり、トンボ編、環境緑化新聞社（一九九一）

山下弘文＝ラムサール条約と日本の湿地―湿地の保護と共生への提言、信山社（一九九四）
山下弘文＝日本の湿地保護運動の足跡、信山社（一九九四）
山田辰美（編著）＝ビオトープ教育入門、農村漁村文化協会（一九九八）
山道省三＝水辺と緑化―水辺からの発想、水と緑の読本（公害と対策臨時増刊号）、九―一五、公害対策技術同友会（一九八八）
由井正敏・石井信夫＝林業と野生鳥獣との共存に向けて、森林性鳥獣の生息環境保護管理、日本林業調査会（一九九四）
横浜市公害研究所＝こども自然公園環境調査報告書（一九八三）
横浜市公害研究所・横浜ホタルの会＝ホタルの生息環境づくり―技術マニュアル試案、横浜市公害研究所（一九八六）
横浜市公害研究所＝トンボ生息環境づくり調査報告書、横浜市公害研究所（一九九一）
横浜市港湾局（監修）＝魚ッチング・ヨコハマ―海の公園の魚介類―、横浜港湾振興協会（一九八八）
横浜市都市自然研究会＝よこまは「都市自然」行動計画、横浜市公害研究所（一九八三）
横浜市都市計画局都市デザイン室＝横浜市「水と緑のまちづくり」基本計画（二）―帷子川・境川流域環境総合整備計画、横浜市（一九八八）
吉川勝秀＝河川等の植樹基準（案）をめぐって、水と緑の読本（公害と対策臨時増刊号）、一〇二―一〇八、公害対策技術同友会（一九八八）
吉田一良＝現代生活ともうひとつのライフスタイル―エコライフ序論、環境情報科学一九（一九九〇）
吉村伸一＝都市河川の環境デザイン、水と緑の読本（公害と対策臨時増刊号）、四二―五七、公害対策技術同友会（一九八八）
吉村伸一＝生物環境と河川整備、自然復元特集一・ホタルの里づくり、一一九―一三六、信山社（一九九一）

吉村元男＝都市は野生でよみがえる、学芸出版社（一九八六）
リバーフロント整備センター（編）＝まちと水辺に豊かな自然をⅠ―多自然型建設工法の理念と実際―、山海堂（一九九〇）
リバーフロント整備センター（編）＝まちと水辺に豊かな自然をⅡ―多自然型川づくりを考える―、山海堂（一九九二）
リバーフロント整備センター（編）＝川―日本の水環境・文化の明日を想う―、山海堂（一九九四）
リバーフロント整備センター（編）＝川の風景を考える―景観設計ガイドライン（護岸）―、山海堂（一九九四）
亘理俊次＝芝棟、八坂書房（一九九一）

---- 著者経歴 ----

杉 山　恵 一（すぎやま　けいいち）

■主な経歴

昭和45年3月　東京教育大学理学部大学院博士課程修了、理学博士
　　　　4月　静岡大学教育学部生物学教室助手
　　57年4月　同大学教育学部教授、静岡県自然保護協会々長
平成 2年5月　「自然環境復元研究会」設立に参画
　　4年7月　静岡県高山植物保護協会々長
　　6年4月　静岡県自然環境保全審議会委員、同公園部会々長
　　9年3月　建設省河川審議会専門委員
　　12年5月　NPO法人自然環境復元協会理事長
　　13年3月　静岡大学名誉教授
　　13年4月　富士常葉大学環境防災学部教授

■主な編・著書

「ハチの博物誌」（青土社）、「自然復元特集」1～7号・総監修/「自然環境復元入門（改訂）」/「自然観察の基礎知識」（信山社サイテック）、「自然環境復元の技術」/「ビオトープの形態学」/「ビオトープの管理・活用」（朝倉書店）、「学校に自然を再現しよう」（学習研究社）、「野生を呼び戻すビオガーデン入門」（農文協）、「みんなでつくるビオトープ入門」（合同出版）、その他多数。

自然環境復元の展望

2002年（平成14年）10月30日　初版発行

著　　者　杉山恵一
発 行 者　今井　貴・四戸孝治
発 行 所　㈱信山社サイテック
　〒113-0033　東京都文京区本郷6－2－10
　TEL 03(3818)1084　FAX 03(3818)8530
　http://www.sci-tech.co.jp
発　　売　㈱大学図書（東京・神田駿河台）
印刷／製本　㈱松澤印刷

ISBN4-7972-2534-3 C3040